PUBLIC SPACE MANAGEMENT IN UK & USA

Methods and Case Studies

イギリスと
アメリカの
公共空間
マネジメント

公民連携の手法と事例

坂井文

学芸出版社

　ロンドン・キングスクロス駅の鉄道操車場跡地の再開発で創出されたグラナシースクエア→ p.80

4　ロンドンのタワーブリッジのたもとに位置するポッターズフィールド。オフィスワーカーや観光客で賑わう→ p.24

ロンドン・オリンピックのメイン会場跡地に整備されたクイーンエリザベス・オリンピックパーク→ p.90　　5

6 　イギリスの地方再生のアイコン都市ニューカッスル。目抜き通りに人工芝を敷いて歩行者空間化→ p.114

ニューヨーク・イースト川沿いの住宅開発に伴い整備されたブルックリンブリッジパーク→ p.168

ニューヨークの鉄道高架橋に整備された全長 2.3km のハイライン。地上 9m の高さでビルの合間を散策でき（前頁）、椅子やイベントスペースも設置され（上）、ローメンテナンスの植生が選ばれた（下）→ p.192

　ニューヨーク初の BID が設立されたユニオンスクエア。歩道で毎週マーケットが開かれる→ p.133

高速道路の高架橋を撤去・地下化して創出された、ボストンのグリーンウェイ→ p.158

ロンドン

クイーンエリザベス・オリンピックパーク————●

リー川

ストラトフォード国際駅●

ストラトフォード駅●

オリンピックスタジアム●   Stratforc

●━ キングスクロス   ヴィクトリアパーク●

●セントパンクラス駅
●キングスクロス駅

◀━ ラッセルスクエア

●大英博物館

ピカデリーサーカス   ●セントポール大聖堂

┏━ レスタースクエア   City of London

●ナショナルギャラリー   ●テートモダン   テムズ川

┗━ トラファルガースクエア   ロンドンブリッジ駅● 市役所● ●タワーブリッジ   ●ドックランズ

ロンドン・アイ●   ●

Westminster   ●ウォータールー駅 Southwark   ●━ ポッターズフィールド

            South Bank   ●

┏━ ジュビリー   ┗━ バンクサイドオープンスペース
┗   ガーデンズ

                ●エレファントアンドキャッスル駅

Lambeth   ┗━ ワン・ザ・エレファント

N

0   1   2km

©Google

Manhattan Valley

East Harlem

Upper West Side

セントラルパーク

72nd St.

リバーサイドパーク・サウス

Upper East Side

59th St.

8th Ave.

7th Ave.

6th Ave.

5th Ave.

Midtown West

42nd St.

タイムズスクエア

Midtown East

34th St.

Midtown

30th St.

グランドセントラル駅

ブライアントパーク

ハドソンリバーパーク

23rd St.

エンパイアステートビル

Chelsea

Broadway

ハイライン

マディソンスクエアパーク

14th St.

フラットアイアンビル

ユニオンスクエア

Greenwich Village

East Village

Soho

イースト川

Chinatown

Tribeca

Lower East Side

Financial District

ハドソン川

ブルックリンブリッジ

Dumbo

ブルックリンブリッジパーク

Downtown Brooklyn

N

0   1   2km

©Google

はじめに

注目を集める公共空間の価値

　近年、行政が所有し管理してきた公共空間に変化が起きている。それぞれの地域のコンテクストの中で公共空間を捉え直し、新たなしくみのデザインによって持続可能に管理し、豊かな都市生活に資する空間として活用するマネジメントが模索されている。

　一歩先に進めているイギリスやアメリカの公民連携による公共空間マネジメントは、成熟都市が直面した制度や財政の課題、施設の老朽化等への対応から始まった。しかし、最近の取り組みを見ると、多様な人々が共に生活する都市において、より快適な時間を過ごすための場をつくりだし、継続的にマネジメントするためのしくみのデザインへと進化している。

　日本においても近年、都市公園への Park-PFI の導入、河川空間のオープン化、道路法の改正等によって、各地で公共空間が活用されるようになった。その一方で、公共空間の質を継続的に維持しより活用するうえでのマネジメントのしくみを考えていく必要もある。

公共空間の持続可能なマネジメントへの模索

　現在の公共空間の整備と管理のしくみは、都市の近代化とともに構築されてきた。しかし 21 世紀になる直前に、イギリスとアメリカではその管理に変化が出始めた。

　イギリスでは 1980 年代、保守党のサッチャー政権の時代に民間活用による公共サービスの提供が推進されたが、90 年代には公共空間の質の低下等の課題が浮上し、対応策が求められた。その後、都市環境の向上に力を入れた労働党のブレア政権下では、多様な公民連携による公共空間のマネジメントが展開されていく。

　一方、アメリカでは、公民連携による都市開発が活発化する 1980 年代に、公共空間のマネジメントにおいても公民連携の動きが始まった。90 年代後

半からの景気回復や治安改善の追い風もあり、たとえば 2000 年代のニューヨーク市ではブルームバーグ市長の下、公共空間の再整備や公民連携によるマネジメントが推進された。

いずれにも共通するのは、時の政策や経済の影響を受けて公共空間のマネジメントが不安定になった経験と、その後の都市再生との連動を経て、公民連携による持続可能なマネジメントのしくみが模索されてきたという経緯である。

新たな「共」によるマネジメント

そして今日、直面する地球環境問題やグローバル化の進展、加えて日本では人口減少に伴う課題にも他国に先駆けて対応する必要がある。さらに、直近の新型コロナウイルス感染症の拡大は、日常生活のデジタル化を加速させ、私たちの身体を通したコミュニケーション活動の場としての都市のあり方も変化していく。

良質な公共空間を創出する動きは、人と人の関係性を体感できる都市への回顧の表れなのかもしれない。これまで必要な機能ごとに分化し整備されてきた公共空間を、人の生活に密接な場、共に利用する共用の場と捉え、新たな「共」によるデザインとマネジメントが模索され始めている。

公民連携による公共空間マネジメントは、行政が民間事業者にマネジメントを委託してきた民間活用の段階から、非営利団体や市民という新たな民間の主体と行政が連携してマネジメントを行う段階へと展開してきた。さらには、多様な主体が連携する新たな「共」によるマネジメントも始まっている。それは、社会資本として構築してきた公共空間を、社会関係資本の構築を通してその空間とマネジメントのしくみをデザインし直す、持続可能な社会への展開の一つなのかもしれない。

本書の構成

イギリスとアメリカの取り組みを 1 冊にまとめた最大の理由は、この数十年の間に展開されてきた公民連携による公共空間マネジメントの手法を整理

し、事例を紹介することによって、日本での今後の展開を探るヒントになると考えたためである。当然ながら、イギリス、アメリカ、そして日本では、公共空間を巡る歴史的背景や制度、そして現状も異なる。しかしながら、行政が単独で整備し管理してきたシステムに民間が積極的に参画する、公と民の連携の模索には共通する点も多い。

　本書は、イギリスとアメリカの取り組みについて2部構成で紹介している。

　1部のイギリスでは、一足先に取り入れた民間活用による公共サービスの提供とその課題への対応として公共空間マネジメントの質を保つ評価のしくみや、民間の都市開発による公共貢献としての公共空間の再整備など、民間の力を引き出す公民連携の手法について、1章で紹介する。続く2章では、都市政策と連動した公共空間の再生を推進したブレア政権以降の取り組みを中心に、財源確保の手法についても解説する。その後3章では、ロンドンとニューカッスルの先進事例を具体的に紹介している。

　なお、イギリスの都市計画では、公共のレクリエーションに供するスペースを示す言葉として "open space" が使われている。よって、原書の "open space""park" の表記は「オープンスペース」「公園」と訳し、オープンスペースを含む広義の公共の利用に供する空間を「公共空間」として扱った。

　次に2部のアメリカでは、公民連携による公園の再整備やマネジメントについて、NPO組織やBIDによる取り組みとともに、行政による施策について4章で紹介している。続く5章では、都市開発を通して公共空間を整備しマネジメントするしくみを構築してきた経緯や事例について述べる。その後6章では、ニューヨークとボストンの先進事例を具体的に紹介している。

　アメリカの都市計画では、"public space" は日本語の「公共空間」に、また "park" は「公園」に近いイメージで使用されていると考え、原書の表記もそのように訳出した。

　終章では、イギリスとアメリカの取り組みから、公民連携による公共空間の実装に必要なポイントを、日本での展開を踏まえて具体的にまとめている。

目次

1部　イギリス

Part.1

PUBLIC SPACE MANAGEMENT IN UK

1部

イギリス

1章

民間の力を引き出す
イギリスの公民連携

　民間の力を引き出す公民連携を進めた保守党のサッチャー政権は、1980年代に強制競争入札制度などを導入し、続くメージャー政権においてもPFIを導入するなど、さらなる民間活力導入の政策が推し進められた。その一方で、1990年代後半には公共サービスの質の低下に関する指摘も増え、対応策が編み出された。

　2000年代以降の経済状況の上昇傾向に伴い都市開発が活発化すると、民間事業者の公共貢献による公共空間の再整備も展開されていく。再生後の公共空間のマネジメントについては、民間事業者に加えて、非営利組織や市民団体といった多様な「民」との連携も進んだ。

1 公共空間の非営利組織によるマネジメント

2000年代以降のロンドンでは、活性化した都市開発を契機として再整備された公共空間の非営利組織によるマネジメントも進んでいる。他方、地方都市においては、自治体の主導によって非営利組織による公共空間のマネジメントのしくみが構築される動きも見られる。

1-1 ロンドンの取り組み

非営利組織による公共空間のマネジメントのうち、特に都市開発が盛んな首都ロンドンでは、地元自治体との協定を通して活動を展開する取り組みが増えている[*1]。そうした非営利組織の運営形態と活動内容に着目すると、都市開発と連動していることがわかる。

1 ポッターズフィールド

テムズ川に架かるタワーブリッジのたもとにあるロンドン市役所周辺の公共空間は、タワーブリッジを撮影できる観光スポットであり、近隣のオフィスワーカーの休息の場でもあり、天気のいい日には座る場所もないほどの人気を集めるスペースである（写真1）。この公共空間の南側に位置するポッターズフィールド（Potters Fields）は、周辺のアーバンプラザともいえる舗装された公共空間に対して、植栽された憩いの公園となっている（写真2、図1、p.4写真）。

この公園部分のマネジメントを行っているのが、2005年に設立された非営利組織の「ポッターズフィールド・マネジメントトラスト（Potters Fields Management Trust）」（以降「PFMトラスト」と略記）である。2007年にグロス・マックスによるランドスケープデザインをもとに再整備が行われた後、地元自治体のサザーク区とPFMトラストは30年間のマネジメントに関する契約を取り交わしている。

写真1　ロンドン市役所周辺の公共空間

写真2　ポッターズフィールド

図1　ポッターズフィールド平面図 (出典：ポッターズフィールド・マネジメントトラストのホームページに筆者加筆)

　テムズ川の南岸にあたるこの一帯は「サウスバンク」と呼ばれ、かつては積み荷を降ろす波止場に倉庫が建ち並ぶエリアであった。ポッターズフィールドの名称は、オランダからの陶器を扱っていたことに由来する。1894年にタワーブリッジが建設されると、テムズ川沿いに公園が整備された。しかし、二度にわたる世界大戦によって大きな被害を受けたサウスバンクは戦後、倉庫と公営住宅が混在するエリアとなっていった。その後、1980年代に計画されたロンドン市役所の新設を含む複合都市開発「モアロンドン（More London）」が転機となり、ポッターズフィールドを含む5haに及ぶ一帯的な再開発が進められた。

　PFMトラストのメンバー構成には、こうした開発経緯の影響が見られる。理事7名のうち、2名は近隣の住宅団地の代表で、他の2名は再開発を進めた不動産会社と周辺エリアのBID組織から選出され、そこに地元自治体のサザーク区やロンドン市が加わっている。つまり、このエリアの新旧の住民

団体と都市開発事業者、エリアのマネジメントを担う BID 組織と自治体が構成要員となっているのである。

　PFM トラストの活動の中心は、ポッターズフィールドにおける地域コミュニティ向けのイベントの企画と運営である。具体的には、フィットネス教室や植生のワークショップを毎月開催しているほか、クリスマスにはイルミネーションを設置するなどの取り組みを行っている[*2]。

　こうした PFM トラストが運営するイベントと同時に、外部によるイベント利用もある。その利用料は収入を確保する手段の一つになっており、その額は1日約100〜150万円前後に設定されている。

　イベント開催に関するガイドラインには、主催者が安全計画・マネジメント計画・リスク管理・スケジュール・運搬計画等の書類を PFM トラストに提出することが決められている。また、イベントでのアルコールの提供、音楽の演奏と構造物の設置等については、PFM トラストから許可を得る必要がある。演奏時の音量に関しては 65dB 以下とし、演奏可能な時間帯も限定されており、事前にテストしてイベントの可否を決定することもある。一方、構造物については面積 800 m^2 以下や高さ 7m 以下等の規定があり、違反した場合は開催者の費用で撤去しなければならないことなどが決められており、公共空間の安全性に配慮している。

2　ジュビリーガーデンズ

　ポッターズフィールドからテムズ川沿いを上流に向かって 3km ほどのところに、観光客に人気の「ロンドン・アイ」と呼ばれる大観覧車がある。その足元に広がるのが「ジュビリーガーデンズ（Jubilee Gardens）」である（写真 3）。1960 年代に複数の文化施設からなるサウスバンクセンターの一部として整備され、当時は芝生が敷き詰められたシンプルなデザインの公園であった。隣接していた旧ロンドン市役所がポッターズフィールドに移転し、ロンドン・アイが設置されるといった周辺環境の変化に合わせて、オランダのランドスケープ設計事務所ウエストエイト（West 8）のデザインによって 2012 年に再整備が行われた（図 2）。ロンドン・オリンピックが開催

写真3　ジュビリーガーデンズ (©Jubilee Gardens Trust)

テムズ川

N

図2　ジュビリーガーデンズ平面図 (出典：ジュビリーガーデンズ・トラストのホームページ)

された 2012 年は、エリザベス女王の即位 60 周年の年でもあり、ジュビリーガーデンズの再整備はその祝賀の意味も込められていた。

　再整備の完了後、2008 年に設立された非営利組織「ジュビリーガーデンズ・トラスト（Jubilee Gardens Trust）」（以降「JG トラスト」と略記）がサウスバンクセンターと定期契約を結び、そのマネジメントを担うこととなる。JG トラストの 16 名の理事は、周辺の土地所有者、事業者、住民、自治体の四つのカテゴリーのステークホルダーに均等に振り分けられている。ジュビリーガーデンズはロンドンの主要なターミナル駅であるウォータールー駅とも近接しており、周辺の土地は主にオフィスに利用されているが、徒歩圏内には公営住宅等の住宅も多い。

　財源の大部分を占めているのが、周辺の都市開発に関わるランベス区との 106 条計画協定（後述）によって捻出された公共貢献分の経済支援である[*3]。ジュビリーガーデンズと道を隔てた街区で進行中の大規模都市開発による公共貢献として、マネジメントに関わる費用が調達されているほか、公園に面した敷地にオフィスを構える石油会社シェルからは 30 年の期限付きで寄付を受けている。

3　バンクサイドオープンスペース

　ポッターズフィールドとジュビリーガーデンズを結ぶテムズ川沿いでは、テートモダン周辺やロンドンブリッジ駅の再開発が活発化し、その内陸部においても現在、都市開発が進んでいる。そのうちの一つであるバンクサイドは、先のポッターズフィールド周辺と同様、かつてはテムズ川の水運を支える倉庫や市場、低所得者の住宅が集まるエリアであった。バンクサイドを含むテムズ川南岸は、国会議事堂等が建ち並ぶ北岸とは対照的に、長い間都市開発は手つかずという状況が続いていた。

　歴史的にも、ロンドンの急激な都市化により人口が増加した 19 世紀には、この地域に労働者が流入しスラム化したといわれる。そのようなエリアに 1880 年代に整備されたのが、「レッドクロスガーデン（Red Cross Garden）」という小さな公園であった（写真 4）。整備を手がけたのは、都市に公園が

写真4　レッドクロスガーデン

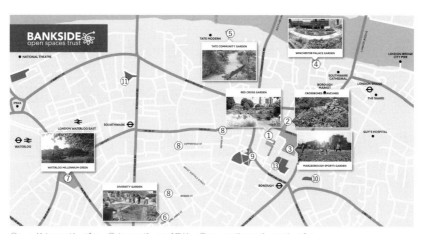

①レッドクロスガーデン　②クロスボーンズ墓地　③マールボロスポーツガーデン
④ウィンセスターパレスガーデン　⑤テートコミュニティガーデン　⑥ダイバーシティガーデン
⑦ウォータールーミレニアムグリーン　⑧道路沿い花壇　⑨ミントストリートパーク
⑩セントジョージガーデン　⑪クライストチャーチガーデン　⑫グリーンルーム　⑬リトルドリットパーク

図3　バンクサイドオープンスペース・トラストがマネジメントするオープンスペース
（出典：バンクサイドオープンスペース・トラストのホームページに筆者加筆）

必要であることを主張し、後にイングリッシュ・ヘリテージを立ち上げたことでも知られる活動家のオクタヴィア・ヒルである。

しかしながら、そうした歴史あるレッドクロスガーデンも1990年代には放置される状況に陥っていた。そこで、地域住民の有志によって公園の再整備を進める非営利組織として、「バンクサイドオープンスペース・トラスト（Bankside Open Spaces Trust）」（以降「BOSトラスト」と略記）が2000年に設立された。

一方、同時期には地元自治体のサザーク区が、複数の都市開発が始まったこの地域の急激な変化に住民が対応できるよう、地域に点在する小規模なオープンスペースを中心にコミュニティ活動を進めようとしていた。区は、BOSトラストに12のオープンスペースのマネジメントをまとめて委託し、その財源として複数の都市開発の公共貢献として徴収される経済支援を充てることとした（図3）。

BOSトラストの活動はボランティアを中心に実施されており、同トラストが策定した各オープンスペースのマネジメント計画に沿って約200名のボランティアが管理を行っている。時には周辺のオフィスの就業者がボランティア活動に参加することもあるという。また、都市開発前の私有地の暫定利用として、野菜を育てるコミュニティガーデンの運営を行うこともある。BOSトラストはオープンスペースにおいて優れたマネジメントを行っている組織を表彰する「グリーンフラッグ賞」（後述）を数回受賞しており、その活動の質の高さには定評がある。

BOSトラストの組織運営は、106条計画協定による公共貢献の経済支援や国営宝くじ基金（2章で後述）の助成によって軌道に乗った。その後は、サザーク区が支払う維持管理費用をもとにマネジメントを行い、周囲で展開しているBIDからの支援や周辺オフィスからの寄付によってイベント運営などを行っている。ロンドンブリッジ駅周辺のBID組織である「チーム・ロンドンブリッジ（Team London Bridge）」や、BOSトラストと同じエリア内で活動しているBID組織「ベターバンクサイドBID（Better Bankside BID）」とも連携してイベントを実施している点も興味深い。

1-2　ニューカッスルの取り組み

　こうした非営利組織による公園のマネジメントは地方都市でも進んでいる。イギリス北東部を代表する都市ニューカッスル・アポン・タインは、かつて炭鉱産業で栄えた人口約30万人の地方都市である。しばしばニューカッスルと略されるが、その地名の由来となっている城の遺構がまちなかに点在しており、歴史的な遺産も多い。しかしながら、産業構造の変化に伴い、ニューカッスルも炭鉱産業で栄えた他の地方都市と同様に衰退の一途を辿っていた。そんななか、2000年代初頭に隣接する人口約20万人のゲーツヘッド市と連携して芸術による地域振興を進め、建築家ノーマン・フォスターによる音楽ホールが建設されて注目を集めた。

1　自治体主導によるトラストの設立

　一方、イギリスの地方自治体の財源縮小は年々深刻化し、ニューカッスル市でも厳しい状況が続いている。2010年代前半の7年間を見ると、公園関係の予算カットは90％に及んでいた[*4]。こうしたなか、ニューカッスル市は公園のマネジメントの一部をトラストに委託することを決断した。前述のロンドンでは、公園周辺の市民やステークホルダーが中心となってトラストを設立し、自治体からマネジメントを委託されていたのに対して、ニューカッスルでは自治体が主導してトラストを設立したのである。

　トラストによる公園のマネジメントを検討するプロセスでは、まず市民に対して、市の公園の現状と新たな取り組みについて説明することに多くの時間を割いた[*5]。アンケート調査から、市民は公園の開放性といった公共性の担保について懸念していることが明らかとなったが、それに対しては市民参加の機会があることを具体的に示し、理解を求めた。一方、議会への対応については、トラストがマネジメントすることによりもたらされる経済的なメリットを、他の手法との比較やシミュレーションを通してプレゼンテーションした。数ある公園のうちどの公園のマネジメントをトラストに委託するのか、その選出基準についても明らかにしたうえで、33の公園と64の貸農園

を抽出している。

2 ナショナル・トラストの働きかけ

この取り組みの背景には、ナショナル・トラストの助言もあった。ナショナル・トラストは1885年に設立されて以来、歴史的・文化的に価値の高い建築物や庭園、街並み、自然等を保護する取り組みを行ってきた。設立者の一人が、先のレッドクロスガーデンの整備も手がけたオクタヴィア・ヒルである。ヒルは、都市化が進むなか消えゆくオープンスペースを保護する活動に力を注ぎ、後のオープンスペース法の制定にも貢献した。1907年にはナショナル・トラスト法が制定され、法定組織としての活動が可能となり、現在では500以上の歴史的建造物、24万haの土地、100万点に及ぶ美術品等の保全を行いながら一般に公開している。

そのナショナル・トラストが手がけているのが、「フューチャー・パークス（Future Parks）」と銘打った、公園の持続可能なマネジメントをサポートするコンサルタント活動である。この取り組みのきっかけは、多くの地方自治体で財源縮小に伴い公園のマネジメントが困難な状況にあることを明らかにした調査報告書「イギリス公共公園状況2016」[*6] であった。

フューチャー・パークスのプログラムでは、財源確保に関する具体的な手法を提示しながら、ナショナル・トラストが展開してきた手法の応用ともいえる、公園マネジメントのトラストへの一括委託の方式を提案している。その第一号ともいえるのが、ニューカッスルでの取り組みであった。以降、ナショナル・トラストでは、この公園マネジメント手法を他の都市に向けても広める活動を展開している。

3 市民と行政のマインドチェンジ

ニューカッスルでのトラストによる公園マネジメントを進めるためにナショナル・トラストから出向していた職員、ミック・ウィルクス氏が最初に直面した課題は、自治体職員のマインドチェンジであった[*7]。当初、公園で従来通りの「維持管理」を長年にわたり行ってきた担当職員は、公園を「運

写真5　アーバングリーン・ニューカッスルが事務所（左奥）を構え、マネジメントしているジェスモンドディーンパーク

営する」という意識が低く、資産活用ともいえる公園の「活用」については考えも及ばないという状況だった。当然ながらボランティアの活用体制も構築されておらず、ナショナル・トラストが1世紀以上かけて培ってきたノウハウと比較すると、何とも心許なかったに違いない。

　そこで、ウィルクス氏は、公園の担当職員に対してマネジメント計画の作成を指導し、「フレンズ」と呼ばれる市民のボランティア組織がすでに設立されていた公園についてはフレンズの効率的な活用体制の構築、公園の活用による自主財源の確保等の研修を行った。

　ウィルクス氏へのインタビューの際には「公園とは人々に経験することを提供する場である」と公園の重要性を力説し、「歴史的な文化遺産ともいえる公園のレガシーをいかに次世代に受け継いでいくかが試されている」と熱く語っていた。ほかにも、「行政にはコスト感覚はあるが、価値について理解していない」「社会情勢の変化に公園は必ずしも追いついていない」と、彼の言葉には心に響くものが多かった。ウィルクス氏へのインタビュー調査から1年後の2019年4月、トラスト組織「アーバングリーン・ニューカッスル（Urban Green Newcastle）」が設立された（写真5）。同組織の取り組みは、地方自治体が主導して設立した非営利組織に、一部の公園のマネジメントを一括で委託する方式として注目されている。

　都市開発による公共貢献の可能性や寄付が集まりやすいロンドンのような

大都市に比べると、地方都市が置かれた状況は厳しい。しかしながら、比較的地縁の強い地方都市の公園では、公民連携によるマネジメントの議論が市民の公園に対する愛着を喚起する契機となる可能性もある。

2 民間の力を活かした公共サービスの提供

イギリスで民間の力を活かして公共サービスを提供していく取り組みを積極的に推し進めたのは、1979 年に誕生したマーガレット・サッチャー政権であった。「イギリス病」とも揶揄された 1970 年代の経済不況の立て直しを図ったサッチャー政権は、公益事業の民営化や規制緩和を実施し、民間の力を活かした行政サービス手法として強制競争入札制度などを採り入れる。そうした政策の中には、日本の公民連携の取り組みに影響を与えたものもある。

2-1 強制競争入札制度

サッチャー政権下の 1980 年代には、小さな政府に向けた政策が進められ、各自治体では行政サービスの見直しを迫られた。当時の地方自治体のオープンスペースに対する平均予算の推移を見ると、その減少ぶりがよくわかる（図 4)[8]。

行政サービスの民間への委託を推し進めるために 1980 年代後半に導入されたのが、「強制競争入札制度（Compulsory Competitive Tendering）」である[9]。自治体が提供する行政サービスについて、官民の競争入札にかけ、コスト削減を図るものである。

オープンスペースの管理についても本制度が導入されることになったが、導入に際しては国の外郭団体である「レジャー・アメニティ管理財団（Institute of Leisure and Amenity Management：ILAM)」がマニュアル

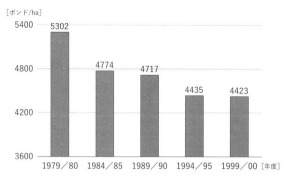

図4　地方自治体のオープンスペースに対する平均予算（1ha あたり）の推移
（出典：Urban Park Forum（2001）Public Parks Assessment のデータをもとに筆者作成）

等を作成し、自治体の取り組みをサポートしている[*10]。

　しかし、制度の導入から数年後には、オープンスペース全体の質の低下が指摘されることとなった。政府の特別調査委員会の報告によると、花壇や植栽の維持管理が不十分であること、ゴミ箱のゴミ収集は行われているものの落ちているゴミは放置されていることなど、契約で決められた項目以外の業務は遂行されない傾向が指摘されている。さらに、2000 年に実施された自治体へのヒアリング調査では、対象となった 475 の自治体の 3 分の 1 以上が「オープンスペースの状況は将来悪化する」と予測していることが明らかにされている（図5）。

　こうしたオープンスペースのマネジメント状況の悪化については、強制競争入札制度以外にも要因があると指摘されていた[*11]。その一つとしては、オープンスペースの管理に関して量的な指標はある一方で、アクセスのしやすさ、生物多様性、安全性、社会の変化に合わせた機能の更新といった質的な面についての議論がなされていない現状が挙げられていた。

　これを受けて、政府はオープンスペースに関するマネジメント体制の確立の必要性を強調し、サポートシステムの構築を 1999 年に提案する。この提案が、2章で述べるサポート組織の設立へとつながることになる。また、民間によるオープンスペースのマネジメントを質的に評価するために、後述す

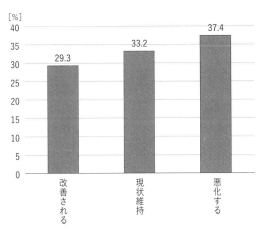

図5　地方自治体のオープンスペースの将来予測（2000年）
（出典：Urban Park Forum（2001）Public Parks Assessment のデータをもとに筆者作成）

る「グリーンフラッグ賞」が設立された。

　さらに 2000 年以降は、オープンスペースの整備およびマネジメントのための都市政策の策定、また財源の確保や技術支援組織の構築等に関する対策が進められた（2章で後述）。

　公共サービスの強制競争入札制度は他の多くの分野でもすでにその課題が指摘されており、政権交代に伴い、1998 年には財政的な価値から幅広い価値の創造へと方針転換された「ベスト・バリュー制度（Best Value System）」が導入される。ベスト・バリュー制度では、国の定める最低レベルを維持する管理ではなく、地域独自の指標に沿った管理を行い、地域ごとの政策決定プロセスや合意形成に配慮すべきとしている。各自治体が目的・理念と手段を明確にした地域戦略を立て、自己評価するための行動指針を策定することが求められるようになったのである。

2-2　アセット・トランスファー

　一方、2000 年代に入り、非営利組織や市民による公共資産のマネジメン

ト手法としてコミュニティ・地方自治省が「アセット・トランスファー（Asset Transfer）」を推進している。アセット・トランスファーは、行政の所有する公共資産を地域コミュニティに委譲する制度であり、市民主導の都市再生を目指すものである。

議会の特別調査委員会が2007年に作成した報告書「クアーク・レビュー」では、市民や非営利組織などの地域コミュニティによる公共資産のマネジメントの課題を指摘しつつ、地域コミュニティが得られる効果を評価したうえで、「公共資産の地域コミュニティによるマネジメント効果はリスクに勝るもの」と結論づけている。この報告書を受け、アセット・トランスファー事業を促進する支援体制を構築する組織として「アセット・トランスファー・ユニット（Asset Transfer Unit）」が設立された。その設立趣旨には、「公的機関との連携によって、より多様な第三者機関を育成し、自立的に権利を得た住民自身が土地や建物を活気あるコミュニティスペースへと再生すること」と明記されている。

現在では、ローカリティ（locality）に引き継がれているその主な活動は、アセット・トランスファー事業の促進に向けた技術支援や調査、情報収集である。具体的には、自治体とコミュニティグループを対象にしたガイド[*12]を作成しており、イギリス国内の多様な公共資産ごとに事業を進める際の留意点を挙げたうえで、すべてに共通する財源確保や情報開示などに関する注意事項を記載している。

身近にある公共施設は、地域コミュニティの関心を集める対象になりやすい。委譲した公共施設の内訳を見てみると、コミュニティセンターが32％と最も多く、次に公園・遊び場が14％を占めている[*13]。公共施設を委譲する組織の形態はさまざまだが、その多くはNPO団体で、続いて公益法人、開発トラスト、社会的企業等となっている。

日本では、アダプト制度等を設けて公共施設の管理に民間が関わる事例はあるが、あくまで日常の清掃などの維持管理が大半であり、施設の積極的な運営まで担うことは少ない。これに対して、イギリスでは市民による主体的な公共施設のマネジメントを制度として推進しており、参考になる点も多い。

3 　公共空間の質を保つ評価のしくみ

　行政予算の縮小と民間の力を活かした公共サービスの急速な促進に伴い、管理の行き届かなくなったオープンスペースが増加している状況に対して、イギリス政府では1990年代後半からいくつかの取り組みを始めた。

3-1　グリーンフラッグ賞

1　民間事業者に委託したマネジメントの質を評価

　1997年、民間事業者に委託したオープンスペースのマネジメントの質を評価する表彰制度として「グリーンフラッグ賞（Green Flag Award）」が創設された。設立されて以降20年の間に、約2000カ所のオープンスペースに賞が贈られている（写真6)[14]。

　受賞対象は自由にアクセスすることのできるすべてのオープンスペースで、マネジメントを担当する事業者が申請を行う。申請は毎年行うことが可能とされており、維持・管理・運営の水準を継続的に表彰するしくみが構築されている。

　審査の方法は、まず書面審査が行われ、その後審査員による現地審査が実

写真6　公園内に掲げられたグリーンフラッグ

施される。現地調査の審査員は全国から公募されており、オープンスペースに関わる業務経験、必要な知識・技術等の条件をクリアした人物が選出される。かつて現地調査は覆面調査で行われていたが、近年は運営担当者へのヒアリングを含めて調査が実施されている。グリーンフラッグ賞に20年以上にわたり関わっているポール・トッド氏によると、この担当者へのヒアリングが、現場の管理者にとっては審査以上に有益となることがあるそうだ[*15]。つまり、現地調査のヒアリングが、マネジメントの専門家同士の意見交換の場として、日々の課題等について相談する機会にもなっているのである。

　審査では、①おもてなしの場であるか、②安全性、③清潔な維持管理、④持続可能な管理に向けた試み、⑤環境保護や歴史文化の保全、⑥市民参画、⑦マーケティング・広報、⑧マネジメントの八つの視点を中心に評価が行われている。注目されるのは、公共のオープンスペースの活用を積極的に進めるうえでマーケティングや広報も重視されている点である。

　近年、グリーンフラッグ賞は、ニュージーランドやオーストラリア、ベルギー等のオープンスペースに対しても門戸を開いており、その受賞数は年々増えている。

2　市民団体によるマネジメントの質を評価

　民間事業者に委託したオープンスペースを対象として開始されたグリーンフラッグ賞に対して、2002年には民間企業ではないコミュニティを対象とする「グリーン・ペナント賞」が創設された（2011年に「グリーンフラッグ・コミュニティ賞」と改名）。その背景には、先にも見たような非営利組織や市民団体が、積極的にマネジメントに関わる活動の増加があった。

　審査については、先の8項目のうちマーケティング・広報を除いた7項目によって評価される一方で、応募書類に組織や財源などの状況に関する詳細を記述することが求められている。

　応募書類のうち、最も重要なものがマネジメント計画書である。継続的にオープンスペースをマネジメントするために作成される計画書であり、まずは現状把握に始まり、それをもとにした目的設定、そのための行動項目と実

施に向けた組織構成や財源に至るまで、求められる内容は幅広い。また、「フレンズ」と呼ばれる公園ボランティアをはじめとする多様な主体との連携も重視されている。

3-2　行政の自己評価と住民参加のサポート

1　TAES によるオープンスペース管理の行政評価

　民間組織による行政サービスの提供によって、サービスの質のみならず、自治体自身のマネジメントの進め方や、市民参加による整備・運営の手法にも変化が生じていた。

　たとえば、オープンスペースを管理する自治体の自己評価を行う「TAES（Towards An Excellent Service for parks and open spaces）」と名づけられたシステムが、地方自治を専門とするシンクタンク「I & DeA（The Improvement and Development Agency）」と「ケーブスペース（CABEspace）」（2章で後述）の協働によって開発された。かつて自治体職員が自ら管理を行っていた際には、現場の課題に対応しながら管理の知識と技術を蓄積していく機会があった一方で、民間組織に委託することで自治体職員が現場に携わる機会が減少しているという指摘が背景にあった。

　TAES では公共空間を管理するうえで必要な項目が整理されており、項目ごとに自己評価を行う。設定された八つの大項目（リーダーシップ、戦略、市民参画、パートナーシップ、資産活用、人材活用、サービス、検証）の下に中項目が3〜6項目あり、さらに1〜8項目の小項目について、それぞれに4段階の評価から選択する（表1）。大・中・小項目に細分化されているため、各段階で評価が低い項目が明確となり、改善に取り組む必要性の高い項目に優先順位をつけやすくなるしくみが構築されていた。現在では利用されていないが、自治体職員に対する知識や技術向上に関する支援や人材育成の必要性は、地方の分権化によってさらに高まっているとも言われており、行政サービスの評価の方法として参考になる。

大項目	中項目(小項目の総数と小項目のうちの一例)	大項目	中項目(小項目の総数と小項目のうちの一例)
1 リーダーシップ	目標設定（7、ロールモデル設定）	6 人材活用	管理（4、管理計画）
	調整能力（4、関係者の調整）		研修（7、ニーズの確立）
	協働姿勢（4、多様主体連携）		仕事環境（4、均等機会）
	指導力（4、コミュニケーション能力）		マネージャー（3、コミュニケーション）
	サスティナブル（5、戦略的アプローチ）		住民主体（3、支援サービス）
2 戦略	計画設定（10、他計画と調整）		住民参加（1、貢献度）
	達成目標（6、プログラム設定）	7 サービス	運営（8、運営システム）
	公共空間（6、全体計画）		利用者重視（7、利用状況）
3 市民参画	参画促進（4、課題と展望）		利用者需要（3、満足度）
	コミュニケーション（5、均等機会）	8 検証	検証設定（5、理解度）
	評価（3、影響力）		検証（3、影響力）
4 パートナーシップ	双方理解（4、役割と責任）		事業検証（8、優先順位）
	協働構築（5、目標の共有）		検証結果の利用（2、反映）
	取り組み（2、財源への影響）		
	評価（4、モニタリングシステム）		
5 資産活用	財源（3、戦略的優先順位）		
	資金繰り（3、モニタリングシステム）		
	バリューマネー（7、代替案）		
	外部資金（2、外部資源）		
	地域資源（2、運用計画）		
	技術（2、サービス改良）		

表1　オープンスペースに関わる行政サービス評価の項目
(出典：I & DeA, CABE Space（2007）TAES for Parks and Open Spaces をもとに筆者作成)

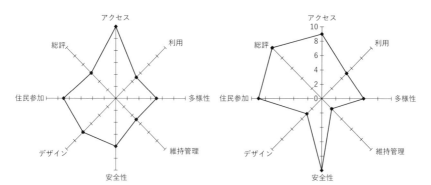

図6　スペースシェイパーによって作成された住民（左）と行政（右）の項目別関心度の一例
(出典：CABE（2007）Spaceshaper をもとに筆者作成)

2　住民参加を支援するツールの開発

　他方、住民参加を支援するツールも考案されている。「スペースシェイパー（Spaceshaper）」[*16] は、オープンスペースの整備や再生事業の計画策定時に、対象地に対する住民側と行政側のそれぞれの考えを整理し、議論しやすくするために、計画対象地を簡易かつ即時的に評価することができるツールである。ワークショップの際には、住民と行政の双方で用意された 41 の質問に回答し、参加者が関心を持っている項目の優先順位をつける。41 の質問は、アクセス、利用、多様性、維持管理、安全性、デザイン、住民参加、総評の8 項目に分類することができ、どの項目に対して注目度が高いかがグラフで可視化される（図 6）。このツールにより住民らが計画で重要と考える事柄を把握することで、対象地での課題解決や計画の合意形成の支援をしている。

4　民間の都市開発による公共貢献

　公民連携による公共空間マネジメントの手法の一つに、民間事業者による都市開発に伴う公共貢献が挙げられる。先述のポッターズフィールドやジュビリーガーデンズはその一例であり、都市開発によって再整備され公民連携によってマネジメントされているが、具体的にはどのようなシステムなのだろうか。

4-1　106 条計画協定

　イギリスでは、民間事業者が都市開発を行う際、地域の公共施設に影響を与える負荷を分相応に事業者が負担することを、自治体との事前協議の中で取り決める。その協議において公共貢献の内容が決められ、締結されるのが「106 条計画協定」である。

　この協定は、1990 年の都市田園計画法の改正時に、都市開発に伴う開発

利益に対応する公共貢献について法的に整理された際に設けられた[*17]。その特徴は、計画敷地外における経済的な貢献も公共貢献として認められる点にある。また、小規模な開発計画からの少額の経済的貢献を合算して、必要とされる公共貢献とすることも認められている。

　では、実際に106条計画協定はどのように締結され、運用されているのだろうか。まず、民間事業者が自治体に開発許可審査の事前相談をする際に、各自治体が定めている都市計画補足資料（Supplement Planning Document：SPD）に沿って、その開発計画の用途や規模、計画地の位置等をもとに開発義務の有無と内容が判断される（図7）。その後、事業者と自治体間で協定覚書に関する協議が開始される。覚書について同意に至ると、事業者は改めて行政に対して開発許可申請を行う。その後、開発許可審査のプロセスである住民説明を経て議会の都市計画委員会による開発許可の最終判断が行わ

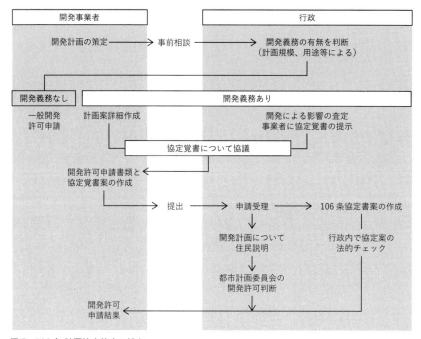

図7　106条計画協定策定の流れ

れるのと並行して、106条計画協定の内容について行政内の調整および法的チェックが行われる。

　106条計画協定に基づく公共貢献の手法については、開発計画敷地内での空間整備により公共貢献を果たすことが困難な場合には、義務に相当する経済的な公共貢献の支払いによって代替することも可能である。各自治体はその判断基準を都市計画補足資料に明らかにすることが、2000年代に通達を通して求められている。自治体と事業者との間で行われる事前協議の不透明性についてはたびたび指摘されてきた背景があり、各自治体には公共貢献の運用方針を明確に示すことが求められていたのである。

4-2　ロンドン・サザーク区の都市開発による公共貢献

　都市開発が活発なロンドンにおいては、106条計画協定による公共貢献によって既存の公共空間が再生されることも多い。ここでは、ロンドンのサザーク区で実際に行われた都市開発を例にそのしくみを解説する。

　サザーク区は、観光客も多い前述のサウスバンクや、ターミナル駅であるロンドンブリッジ駅周辺やエレファントアンドキャッスル駅周辺を中心に、ロンドンでも特に都市開発が活発なエリアである。エレファントアンドキャッスル駅は、テムズ川南岸の内陸部に位置する主要な鉄道駅で、バスの発着も多い交通拠点である。しかし、1960年代に整備された駅前は手狭となり、駅周辺には老朽化した住宅が広がり、ロンドンの住宅需要が高まるなかでエリア再生の必要に迫られていた。

　サザーク区は、エレファントアンドキャッスル駅周辺の複数のエリアを重点的開発候補地区に位置づけ、都市開発を進めている。候補地区のうち最も駅に近いワン・ザ・エレファントの開発計画は、民間事業者による集合住宅284戸と商業施設809m²、業務施設413 m²を新設する都市開発であるが、公共のスポーツ施設と公園の敷地を公共貢献によって再整備した。

　実際の開発計画を見てみよう。図8の実線で囲まれた部分が敷地であるのに対し、公共空間に関わる公共貢献のエリアは破線で囲まれた部分で、敷地

の南側に位置する区のセントメアリーパークの一部も含まれている。そのエリア内では、公園内の子供遊具施設の整備のほか、コンクリート舗装を撤去して緑化・植栽の追加が、民間事業者による公共貢献として行われている（写真7）。また、隣接する区立スポーツセンターの周辺と一体的な整備を図るために、スポーツセンターの敷地内の歩道等も公共貢献として整備された（写真8）[18]。さらに、整備後の維持管理とマネジメントについても明文化されており、24時間体制の維持管理人員を配置することや、周辺ステークホルダーと定期的に打ち合わせを行い情報共有することが求められている[19]。

　こうした民間事業者による公共貢献の内容は、自治体と事業者間で締結される106条計画協定によって決定される。締結に向けて、サザーク区の運用方針である106条計画協定の都市計画補足資料をもとに事前協議が行われる。その補足資料には、一定規模以上の開発について、事業者が負担すべき公共貢献の分野（教育、オープンスペース、交通、健康等）が定められている。たとえば10戸以上の集合住宅には教育、オープンスペース、交通、健康の各分野での負担が、また$1000\,\mathrm{m}^2$以上の業務商業施設には雇用、オープンスペース、交通の各分野での負担が、開発事業者に対して最低限求められている[20]。

　さらには、公共貢献の分野ごとに、開発計画の内容と規模に応じた経済的な公共貢献額の算出方法も定められている。ワン・ザ・エレファント開発計画を例に、そのオープンスペースに関わる公共貢献額の算出方法を具体的に見てみよう。オープンスペースに関わる算定対象となる施設の内訳は、公園、スポーツ施設、子供遊具施設に分けられ、開発計画によって増加すると想定される利用者1人あたりに相当する公共貢献の金額が表2のように定められている。想定される利用者とは、住宅についてはベッドルーム数に基づく1戸あたりの人数、商業施設については$17\,\mathrm{m}^2$あたり1人、業務施設については$14\,\mathrm{m}^2$あたり1人として各総面積から割り出された人数であり、1人あたりの公共貢献の金額を乗じて、公共貢献額が算出される。こうして算出された公共貢献額は最低ラインであり、協議によって最終的な貢献の内容が決定される[21]。ワン・ザ・エレファント開発計画の場合、偶然にも公園や

図8　ワン・ザ・エレファント
開発計画図
〈London Borough of Southwark（2012）
St. Mary's Residential Detailed Planning
Application, Landscape Strategy に筆者加
筆〉

写真7　公共貢献により
整備された子供遊具施設

写真8　公共貢献により
整備された歩道

用途	総数	1戸あたりの住民数 または 従業員1人あたりの床面積	公園への公共貢献	
			1人あたりの公共貢献額	公共貢献総額
ベッドルーム 1室	23戸	1.4人／1戸	67ポンド (約10,050円)	2,157ポンド (約323,550円)
ベッドルーム 2室	18戸	2人／1戸	67ポンド (約10,050円)	2,412ポンド (約361,800円)
ベッドルーム 3室	3戸	2.8人／1戸	67ポンド (約10,050円)	563ポンド (約84,450円)
ベッドルーム 4室以上	2戸	3.5人／1戸	67ポンド (約10,050円)	469ポンド (約70,350円)
商業施設	1000m²	17m²／1人	67ポンド (約10,050円)	3,941ポンド (約591,150円)
総額	—	—	—	9,542ポンド (約1,431,300円)

表2　ワン・ザ・エレファント開発の106条計画協定によるオープンスペースに関わる公共貢献額の算出例
(出典：London Borough of Southwark（2007）Section 106 Planning Obligations: Supplementary Planning Document をもとに筆者作成)

スポーツ施設に隣接する敷地であったが、106条計画協定による貢献の対象は区内の再整備が必要な公園を含む公共空間であり、計画敷地から離れた公共空間の再整備に利用されることも多い。

4-3　コミュニティ・インフラストラクチャー税

2008年には、プランニング法（Planning Act）の改正によってコミュニティ・インフラストラクチャー税（Community Infrastructure Levy：CIL）の導入が決定された。その後2010年にはCIL規則が発表され、新たに100m²以上を増床する開発計画に対して、その立地や機能、規模に応じて単位面積あたりの負担額を課すCILのしくみが規定されることとなった。

概ねすべての自治体が課税徴収対象となるが、それぞれの自治体では課税計画を提示することが求められた。たとえば、ロンドン市では市内を三つのゾーンに分けた課税計画を策定しており、各ゾーンの徴収額を設定している。それと同時に、市内の特別区では個別に課税計画を策定している。つまり、ロンドン市内の特別区内における開発計画に対しては、市へのCILと

スポーツ施設		子供遊具施設	
1人あたりの公共貢献額	公共貢献総額	1m² あたりの公共貢献額	公共貢献総額
327 ポンド （約 49,050 円）	10,529 ポンド （約 1,579,350 円）	0	0
327 ポンド （約 49,050 円）	11,772 ポンド （約 1,765,800 円）	75 ポンド （約 11,250 円）	2,700 ポンド （約 405,000 円）
327 ポンド （約 49,050 円）	2,747 ポンド （約 412,050 円）	75 ポンド （約 11,250 円）	630 ポンド （約 94,500 円）
327 ポンド （約 49,050 円）	2,289 ポンド （約 343,350 円）	75 ポンド （約 11,250 円）	525 ポンド （約 78,750 円）
327 ポンド （約 49,050 円）	19,235 ポンド （約 2,885,250 円）	0	0
－	46,572 ポンド （約 6,985,800 円）	－	3,855 ポンド （約 578,250 円）

特別区への CIL の両方が徴収されることになる。

　税収は各種の公共公益施設に利用できるが、各自治体では税収の利用方法を CIL 規則の 123 条リストとして事前に作成しておくことが規定されている。たとえばロンドン市の 123 条リストには、CIL のすべてを現在建設中のクロスレイルの建設費に充てることが記されている。

　クロスレイルは、ロンドンの東に位置するレディングからヒースロー空港を経由してロンドンの中心部を東西に貫通し、ロンドンの東端までを結ぶ全長約 118km の高速鉄道である。このようなロンドンを東西に貫通する鉄道の計画は、第二次世界大戦直後から浮上しては消えることを繰り返してきた。現在の計画についても 1990 年から議会でたびたび議論された末に決定され、2008 年にクロスレイル法が制定されたことで、整備事業が正式にスタートしたものである。同年にプランニング法が制定され CIL の導入が決定された。

　開発許可を審査する自治体と開発事業者との間の契約である 106 条計画協定と異なり、CIL は開発事業の立地、機能と規模によって課税されるしくみとなっている点で、開発税ともいえる。CIL の導入に際して、自治体では

CILの課税計画と123条リストの策定と同時に、これまでの106条計画協定の運用指針の見直しも行っている。

＊1　C. S. De Magalhaes & S. Freire Trigo (2017) Contracting out publicness: The private management of the urban public realm and its implications, Progress in Planning, 115

＊2　Potters Field Park Management Trust (2016) Potters Field Park Management Trust Business Plan, Executive Summary

＊3　Jublee Gardens Trust (2017) Annual Report and Unaudited Financial Statements

＊4　Newcastle City Council (2017) Parks Consultation Report

＊5　ナリンダー・バーブラ氏（ニューカッスル市ビジネスマネジメント課）へのインタビュー（2018年3月12日）。

＊6　Heritage Lottery Fund (2016) State of UK Public Parks 2016

＊7　ミック・ウィルクス氏（ニューカッスル市へ出向中のナショナル・トラスト職員）へのインタビュー（2018年3月13日）。

＊8　Urban Parks Forum (2001) Public Parks Assessment

＊9　Local Government Planning and Land Act 1988 により制定。

＊10　ILAM: Institute of Leisure and Amenity Management (1995) Model Contract Document for Grounds Maintenance and Landscape Operations, Basildon: Institute of Leisure and Amenity Management

＊11　Select Committee on Environment, Transport and Regional Affairs, House of Commons (1999) The Report on Town and Country Parks

＊12　Asset Transfer Unit & CABE (2010) Community-led spaces A guide for local authorities and community groups

＊13　牧野杏里 (2012)「英国のコミュニティへの公共資産委譲にみる市民主導型都市再生政策と取組」『都市計画論文集』47 (3)

＊14　Green Flag Award のウェブサイト（http://www.greenflagaward.org.uk/）参照。

＊15　ポール・トッド氏（グリーンフラッグ賞事務局）へのインタビュー（2016年8月9日）。

＊16　CABE (2007) Spaceshaper

＊17　Town and Country Planning Act 1990, section 106

＊18　London Borough of Southwark (2012) St Mary's Residential Detailed Planning Application, Landscape Strategy

＊19　London Borough of Southwark (2013) Planning Application Document 13/AP/1801 およびイボンヌ・サンホブ氏（サザーク区都市計画・交通課 S106/CIL 担当）へのインタビュー（2015年3月1日）。

＊20　Southwark Council (2007) Section 106 Planning Obligations: Supplementary Planning Document

＊21　坂井文 (2017)「イギリスにおける都市開発にともなう公的貢献制度の変遷と運用実態」『日本建築学会計画系論文集』82 (739)

2章

イギリスの都市再生と
連動した
公共空間の再生

　1997 年に政権に就いた労働党のブレア首相は、財政を圧迫すること
なく効率的に公共サービスを改善することを公約に掲げ、民間活用の手
法の見直しを進めた。

　また、都市の活性化を目指す都市白書を発表し、都市環境を改善して、
都市再生と連動した公共空間の再生を推進し、それを支える政策や組織、
さらには財源のしくみの構築などにも力を入れた。

　現在、ロンドンの人口は過去最高の 900 万人に達している。戦後、
減少の一途を辿り続けていた同市の人口は、1990 年代から増加に転じ、
2010 年代半ばに戦前と同程度になった後も増加が続いている。

1 公共空間の再生を支える都市政策と組織

　都市の活性化を目指したブレア政権は、都市環境の改善を加速度的に進める政策やしくみの構築に取り組んだ。同時期のロンドン市長ケン・リビングストンとの連携もあり、ロンドンではウォーカブルな都市再編も進んだ。

1-1　ブレア政権下のオープンスペース政策の強化

　2000年にブレア政権下で発表された都市白書「私たちのまちと都市（Our towns and cities）」では、都市の活性化を目指す三つの指標として「良好な都市環境とデザインの創造」「未利用地の活性化」「持続可能な環境の創造」が挙げられ、これらの指標を実現させるために「都市計画の改革」が目指された。「都市計画の改革」の具体的な内容としては、「効率的な土地利用」「住宅供給の充足」「都市サービスの充実」「公共交通の改善」の4項目に「良好なデザインの建築・街路・オープンスペースの創造による都市環境の改善」が加えられ、生活環境の質の改善が目指されていた。

　この都市環境の改善を推し進めるにあたっては、良好なオープンスペースの整備とマネジメントが重要な課題として位置づけられ、新しい方策の立案が求められた。これを受けて、2002年に運輸・地域省からオープンスペースに関する政策方針[*1]が提示され、その中で「オープンスペースの整備の促進」「オープンスペース計画（Open Space Strategy）の重要性の認識」「パートナーシップの促進」「住民参加の推進」「戦略的な計画の策定」「情報の開示」の六つの柱が掲げられた。

　この政策の実行に向け、2002年にはオープンスペースに関する都市計画指針（Planning Policy Guidance 17：PPG17）が改訂され、オープンスペース計画の策定が各自治体に求められることとなった。なお、この後の政権交代に伴い、2012年には都市計画政策（Planning Policy Framework）が改定され、都市計画指針は計画実務指針（Planning Practice Guidance）

種類		例
i	パークとガーデン	都市公園、田園公園、庭園
ii	自然・半自然の都市緑地	林、都市林、湿地等
iii	緑地帯	河川、運河、自転車道等
iv	野外スポーツ施設	テニスコート、スポーツ競技場等
v	アメニティ緑地	ビレッジ・グリーン等
vi	幼児・少年少女用施設	遊技場、スケートボード公園等
vii	市民農園	―
viii	墓地・教会	―
ix	都市郊外の田園	―
x	シビック・スペース	マーケット・スクエアなど

表 1　PPG17 に示されているオープンスペースの種類（出典：都市計画指針（PPG17）をもとに筆者作成）

に置き換わっているが、オープンスペースに関する基本的事項は踏襲されている。

　PPG17 のタイトルは「オープンスペース、スポーツとレクリエーションの計画」であり、オープンスペースには表1に示すように公園を含む多様な種類がある。こうした多様なオープンスペースに関わる計画は法定計画に含まれておらず、各自治体の都市計画におけるオープンスペースの位置づけが弱いと、かねてから指摘されてきた[2]。1980 年代以降オープンスペースに関する予算が削減されている状況については、各自治体でオープンスペース計画が策定されていないことにも原因があったとして、2002 年の都市計画指針の改定の際にはオープンスペース計画の策定を促進することが目指された。

　イギリスの都市計画では、オープンスペースは「パブリックガーデンや公共のレクリエーションに供する地、また未利用墓地を指す」と定義されている[3]。その歴史的な背景の一つには、19 世紀の都市化によって急速に失われていったオープンスペースを確保するために制定された、1906 年のオープンスペース法がある[4]。このオープンスペース法は、特定の住民に使用を限定していた共用の空地を、公共のオープンスペースとして確保することを目的としていた。同法に基づいて、空地の所有権や管理権または地役権の行政への譲渡や、開放時間の設定などの臨機応変な調整により空地を確保し、公共

種別	基準広さ	居住地からの距離
広域公園	400ha	3.2 ～ 8km
大都市公園	60ha	3.2km
地域公園	20ha	1.2km
近隣公園	2ha	400m
小規模オープンスペース	2ha以下	400m以下
ポケットパーク	0.4ha以下	400m以下

表2　ロンドン市におけるオープンスペースの分類 (出典：Mayor of London（2020）London Plan をもとに筆者作成)

のレクリエーションのために供されるオープンスペースとして整備した[*5]。こうして封建的社会の構造から生まれた共用のオープンスペースが広く公共の利用に供することが促進され、結果として現在自治体が管理しているオープンスペースに多様性が生まれることになった。

　多様なオープンスペースの取り扱いについては、各自治体の裁量とされており、その管轄部署もさまざまである。たとえばロンドン市の総合的な空間計画である「ロンドン・プラン」[*6] では、オープンスペースの標準的な考え方として表2のような分類を提示している。

　2000 年代初頭には、副首相府が中心となり、内務省、交通省、環境省、文化・メディア・スポーツ省、財務省の共同でオープンスペース関連施策が多数推進された。具体的には、政策実行のための計画策定や財源の確保、技術支援を行う組織の設立、オープンスペースの質の向上と維持に向けた指標づくりや人材育成等である。こうした施策は、各自治体によるオープンスペース計画の策定の推進や、技術支援および人材育成を担う政府外郭団体「ケーブスペース（CABE Space)」の設立、「宝くじ基金」をはじめとする財源の確保などにつながった。各施策の詳細については、次項以降で説明する。

1-2　オープンスペース計画策定の推進

　各自治体によるオープンスペース計画の策定を先導したのは、首都ロンドンであった。当時のロンドン市長ケン・リビングストンは、ブレア政権が促

進する生活環境の質の向上や都市居住を率先して進めた。オープンスペースについては、「緑の価値：緑地と住宅価格とロンドン市民の優先事項」[7]と題する調査報告書を発表し、市民にとっての緑の価値を分析している。この報告書では、住宅価格は単一の要因で決定されるものではないこと、取得する住宅の立地が利便性の高い都心部かオープンスペースの豊かな郊外かに二極化していること、オープンスペースの量と地域の学力水準や社会保障受給率との間に相関関係があることなどが報告されている。

　そのうえで、ロンドン市は2004年に、各特別区に対してオープンスペース計画の策定を義務づけ[8]、後述する「ケーブスペース」と連携してオープンスペース計画策定のガイダンスを発表し、自治体による計画策定をバックアップしている[9]。

　こうした取り組みは、ベスト・バリュー制度によって地域の独自性を尊重した公共サービスのマネジメントを推進する取り組みと連動して、各オープンスペースのあるべき姿に沿ったマネジメントを促進することを目指して実施された。

1-3　ウォーカブルな都市再編

1　トラファルガースクエア

　ブレア政権が推進する生活環境の質の向上や都市居住の促進に向けて、ロンドン市では都心の公共空間の再生にも力を注いだ。その代表的な取り組みが、トラファルガースクエアの再生である。

　トラファルガースクエアは、その立地からも設立経緯からも、ロンドンを代表する都市広場といえる。北面にはナショナルギャラリーが建ち、さらに北に向かうとレスタースクエアの歓楽街や店舗の連なるコヴェントガーデンへ、また南に向かうと国会議事堂に至るスクエアは、観光客が必ず立ち寄る場所である。

　一方で、文化・商業のエリアと官庁街の間に位置する緩衝帯であり、主要道路が交差する交通の要所にもなっている。地元自治体のウエストミンス

写真1　混雑していたトラファルガースクエアとナショナルギャラリー間の車道（上）は、再整備によって歩行者空間へと生まれ変わった（下）
（上写真提供：ノーマン・フォスター設計事務所）

ター区では、スクエア内の歩行者の安全を確保する対策を1980年代から模索していたが、交通量の多いスクエアの再整備計画に交通関係者は消極的であった。

　また、トラファルガースクエアのマネジメントにはいくつもの行政が関わっていた。19世紀初頭、トラファルガー海戦の勝利を称え、王室が先導して領地を整理することで整備されたという歴史的な経緯があり、広場のマネジメントは長年にわたり国の文化・メディア・スポーツ省が担当する一方、周囲の道路についてはロンドン警察やウエストミンスター区が所管していた。ロンドン市は再整備に向けて条例改正を行い、広場の管理権が文化・メディア・スポーツ省からロンドン市に移譲されると、広場周辺の交通管理

等の日常的な課題に対応しつつ、観光政策にも適応できる包括的なマネジメントが可能となった。

　スクエア再整備の計画案は、建築家ノーマン・フォスターを中心に作成された。ナショナルギャラリーとスクエア間の道路を歩行者空間とし（写真1）、スクエア北側の擁壁の一部を大階段に変えることで、ナショナルギャラリーの正面玄関から最短距離で安全にスクエアにアクセスできる計画となった。

　再整備後は、安全な歩行者空間が確保され、ロンドン市は文化的なイベントの開催を通して都市の賑わいの創出はもとより、多文化共生を目指す文化政策とも連動する取り組みを展開している。一体的なマネジメントを可能とする体制づくりは、こうした取り組みを交通や文化・観光などの多様な政策と一体的に進めていく礎にもなった。

2　シティ・オブ・ロンドン

　公共空間の再整備によって地域の安全性を高め、都市のアメニティを充実させることでエリアの価値を向上させる取り組みは、先のトラファルガースクエアの再整備後にも多数あるが、最新の動きとしてシティ・オブ・ロンドンの取り組みについて紹介する。

　ロンドンの中心に位置し、世界的な金融地区として有名なシティ・オブ・ロンドンでは、古くから続く街割りが残っているために歩道が狭く、人1人がようやく通れる程度の幅しかない道も多い。そこで、この地区で現在進められている取り組みが、増加する就業者と観光客の歩行者空間を充実させるためのストリート改善計画である。新たな都市開発が進み、今後も就業者が増え続けることが想定される一方で、歴史的建造物が今も利用されている隣で新たな建築が建設されるという、ダイナミックな都市景観を楽しむ観光客も多い。こうした状況に対応できる公共空間の整備の必要性が高まり、新たなビジョンが示された[10]。

　このビジョンでは、歩行者数の増加に対応できる歩行者空間の整備や、高層ビルの足元に計画されるさまざまなデザインの公開空地と公共空間の関係性等について言及している（写真2）。また、国際水準の都市として発展し

写真2　新たな都市開発により設置されたシティ・オブ・ロンドンの公開空地

ていくためにも、そうした公共空間が安心・安全かつ清潔であることはもちろん、快適で魅力的であることが求められるとしている。都市は個別の建築デザインだけで形づくられるのではない。その基盤ともいえる公共空間のデザインには、個々の建築のデザインを統合して都市空間の魅力を伝える役割もあることが示唆されている。

1-4　技術支援や人材育成を担うケーブスペース

　都市環境の向上を目指すブレア政権が、都市計画指針を改定するなどの施策を積極的に展開していた一方で、各自治体の現場では、公共サービスの民間活用を急激に推し進めたことによるサービスの質の低下や、行政の財源や人材の縮小による業務量の拡大といった課題が山積していた。

　こうした課題を解決する方策の一つとして、自治体に対して都市および建築に関わる技術支援のコンサルタント業務を行う政府外郭団体「ケーブ（CABE、Commission for Architecture and the Built Environment の略

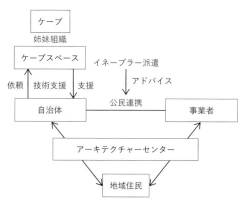

図1　ケーブスペースによる自治体への技術支援のスキーム

称）」が設立された*11。またケーブに続いて、その姉妹組織である先述の
「ケーブスペース」が、オープンスペースにフォーカスしたコンサルタント
業務を行う組織として設立された（図1）。ケーブは 2010 年の政権交代後に
デザインカウンシルに合併されたが、その活動から蓄積されたガイドやケー
ススタディは現在も閲覧可能であり、自治体や市民の情報源になっている。

　ケーブスペースで実施されていた技術支援は「イネーブル・サービス
（Enable Service）」と呼ばれ、自治体での公共空間の整備・マネジメント計
画の策定に対する個別の技術支援、評価手法の策定や人材育成を主要な活動
としていた。自治体に対する個別の技術支援では、各自治体の要請に応じて
「イネーブラー（Enabler）」と呼ばれる技術支援者がケーブスペースの費用
で派遣された。イネーブラーは、ケーブスペースの職員や各地のランドス
ケープアーキテクト等の専門家で構成され、オープンスペース計画の策定や
個別事業への技術支援を業務として行っていた。

　地方都市における個別のオープンスペース事業においては、地元のアーキ
テクチャーセンターが関与することもあった。アーキテクチャーセンター
は、各地域に根差した活動を行う組織で、行政・事業者・地域住民の公民連
携を図るための場として設置されたものが多く、市民参画を促すワーク
ショップなどを通してオープンスペース事業に関わった。ロンドンのケーブ

スペースでは、そうした各地域に根づいた活動を展開するアーキテクチャー
センターとの連携を重視し、各地のアーキテクチャーセンターを横につなげ
るネットワークの構築にも取り組んだ。

　つまり、ケーブスペースでは、オープンスペースの再生に関わる技術支
援・情報提供を通して、地方分権化に伴う自治体の人材育成のサポートを行
うと同時に、各地域の独自のオープンスペースの整備・マネジメントを持続
可能に進めるための基盤づくりをしていたといえる。

2　公共空間の再生を支える財源

　1980年代に始まった自治体の予算縮小は、前章でも触れたように公共空
間の質の低下を引き起こすこととなった。こうした状況から、オープンス
ペースの再整備やマネジメントに関わる費用を外部から調達する動きが加速
していく（図2）。

2-1　宝くじ基金

　1993年に制定された国営宝くじ法では、宝くじの販売方法や売り上げの
配分方法が定められ、その中で「宝くじ基金（National Lottery Fund：
NLF）」が創設された。宝くじの総売り上げの28％が宝くじ基金として運用
されており、その額は2000年代初頭には毎年約30億ポンド（約4500億円）
を超えていた（図3）。

　宝くじ基金は、運用方針などに関して文化・メディア・スポーツ省の監督
を受けながら、当初は「スポーツ」「アート」「ヘリテージ」「ミレニアム」
「ビッグ」の五つの分野に配分されていた。このうち、ヘリテージは歴史・
文化遺産の保護や整備を、ミレニアムは21世紀の到来を記念する取り組み
を、ビッグはコミュニティに関わる事業を支援するものである。宝くじ基金

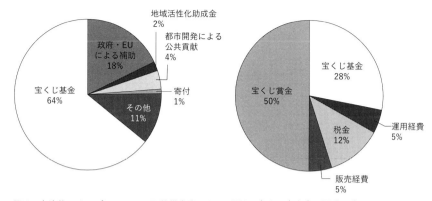

図2　自治体のオープンスペース再整備事業のための外部資金の獲得先の内訳（2006年現在）
（出典：National Audit Office（2006）Enhancing Urban Green Space のデータをもとに筆者作成）

図3　宝くじ売上金の配分の内訳
（出典：The National Lottery（2005）Report on National Lottery Good Causes のデータをもとに筆者作成）

の創設から10年目の2004年度の配分状況を見てみると、ビッグに最大の43%が配分され、ヘリテージに24%、アートに20%と続いている（図4）。

　このうち、オープンスペースに関わる助成は、主に「ヘリテージ・ロッタリーファンド」（以降「HLF」と略記）によるものであった。HLFの事業対象は、無形の歴史的遺産から歴史的建築物やモニュメント、美術館や図書館などの歴史的資料、地域遺産、土地と生物多様性、産業・交通遺産に大きく分けられる。25年間の助成事業数の内訳は図5の通りで、オープンスペースが含まれる土地・生物多様性のカテゴリーには3300のプロジェクトに助成が行われており、そのうち約3分の1の900が公園に関するプロジェクトである（図5）[12]。

　HLFが2002年に作成した戦略プランには、ヘリテージの分野に含める項目を拡大することが掲げられており、それまでの専門的な価値観だけによることなく、現代社会を形成してきた身近な歴史にも目を向け、歴史的な価値を定める根拠を多様化していくことが目指された。また、地域の再生計画の中で歴史遺産の保全を推進し、できるだけ多くの国民に対して歴史に触れる機会を提供することや、オープンスペースの再生事業に力を入れていくことも目標として挙げられている。当時のHLFの助成先の累計を見ると、美術

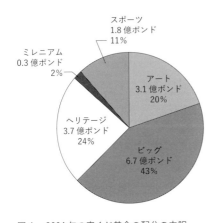

図4　2004年の宝くじ基金の配分の内訳
（出典：The National Lottery（2005）2004-05 Financial Year Report on National Lottery Good Causes のデータをもとに筆者作成）

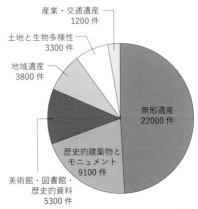

図5　1994〜2019年までのヘリテージ・ロッタリーファンドの助成件数
（出典：ヘリテージ・ロッタリーファンドのホームページのデータをもとに筆者作成）

館（30％）や歴史的建築物（25％）への助成が大きく、歴史的公園については10％にとどまっていた[*13]。

　その後、住環境の整備と改良を目指す「ビッグ・ロッタリーファンド」（以降「BLF」と略記）とHLFの協働事業が開始されると、新たに「パーク・フォー・ピープル」（以降「PfP」と略記）事業がスタートされた。PfP事業は文化遺産であるかないかに関係なくオープンスペースの再整備に対して助成を行うものである[*14]。助成対象は、以下に定義される公共公園（Public Park）とされている。

　「主にレクリエーションや余暇のために都市や郊外に整備された緑地で、公園、庭園、スクエア（広場）、ウォーク（遊歩道）、プロムナード（散歩道）を指す。整備されたこれらの公共空間は、イギリスの社会と景観の形成に大きく貢献した文化遺産といえ、通常地方公共団体によって所有され管理されている」。

　PfP事業の申請者の多くは自治体だが、公園管理をボランティアで行っている「フレンズ」と呼ばれる地域の組織が自治体とともに申請するケースもある。申請時には対象事業の計画はもとよりマネジメントの計画の提出も求

められており、具体的には以下の五つの条件を満たすように指導される。

　①利用者の層を広げる

　②ヘリテージとしての価値を保全し高める

　③ボランティア活動の幅を広げる

　④教育活動を通して技術や知識を高める

　⑤マネジメントの手法を高める

　つまり、オープンスペースの再整備事業を通して、住民の意識や運営への参画を促しながら、よりよいマネジメントのあり方を模索するプログラムになっている。具体的には、「10年間のマネジメント計画」「商業施設（カフェ等）のビジネスプラン」「事業のマネジメント計画」「事業マネージャー等の新規雇用者の職務」「住民参加の状況」「ボランティア活動の計画」といった項目を計画書に盛り込むことが求められている。

　助成の対象となる事業内容についても、「生物多様性に向けた改良」「エネルギー効率を高めるための施設改良」「身体障害者の利用促進」などはサステイナブルなマネジメントを目指すものといえる。また、「園芸に関する展示会やワークショップ」「学校の教育活動と連動したプログラム」などの多様なイベント企画も助成の対象に含めている。つまり、空間整備や設備改善だけでなく、プログラムのマネジメントについても助成が行われているのである。

2-2　宝くじ基金によって再生されたバーケンヘッドパーク

　ここでは、宝くじ基金のHLFを運用して歴史ある都市公園を再生した事例として、リバプールと港をはさんで対面する人口約32万人の都市ウィラルのバーケンヘッドパークの再生について紹介する。

　バーケンヘッドパークは、イギリスの造園家ジョセフ・パクストンによって設計され、1847年に開園したイギリス国内で最初期の都市公園である。ニューヨークのセントラルパークの設計を手がけたフレデリック・ロー・オルムステッドが感銘を受けた公園として知られ、1977年には歴史的な観点から保全地域に指定された。しかし、イギリス国内の景気後退や地方分権と

いった政策転換の影響を受けて、公園のマネジメントが行き届かない状態が続き、公園全体の抜本的な再整備の必要性が高まっていた[*15]。

1986 年に作成された再整備事業計画では、主要な問題点として①施設の老朽化、②慢性的な駐車場不足、③歩行者空間の安全性の低下、④歴史的造園デザインの損失による価値の低下、⑤非社会的な行為による施設の破損、⑥犬に関わる問題の増加の 6 点が挙げられている。こうした問題に対応するために、1991 年に具体的な再整備計画が市によって提示された。

その後 1999 年、再整備事業の実施にあたり市は HLF に助成金の申請を行い、2002 年に交付の決定を受けている。助成金の審査は 2 段階に分けられており、一次審査では、公園の歴史的背景、特徴的な要素、計画の経緯などのチェックと、敷地の状況、ランドスケープデザイン、植栽などについて詳細に現況調査が実施されたうえで、計画案が審査される。続く二次審査では、計画案はもとより、計画に対する住民参加の状況についても審査される。バーケンヘッドパークの再整備事業では、2000 年の 1 年間に計 27 回の説明会が開催され、住民参加による計画策定が実施された。

審査の結果、バーケンヘッドパークの再整備事業には 742 万ポンド（約11.1 億円）が助成された（表 3）。一方、宝くじ基金はマッチングファンドとして扱われ、他の助成金の獲得を推奨しており、欧州地域開発基金から150 万ポンド（約 2.2 億円）等の助成も受けている（写真 3）。

宝くじ基金の助成には、「パークレンジャー」と呼ばれる公園のマネジメントを担う人材を 10 年間雇用する費用も含まれていた。パークレンジャーは、日常的な維持管理のほか、イベントの企画、季刊広報紙やオンラインによる情報発信などの広報活動を行う。また、再整備計画の策定中に進んだ住民参加は、ボランティア組織「バーケンヘッド・フレンズ」の活動の活性化につながったが、パークレンジャーはその活動を取りまとめる役割も担っている。こうして、バーケンヘッドパークの再整備は、空間的な改良のみならず、住民参加によるマネジメントのしくみづくりも促進することとなった。

収入		支出	
HLF	742万ポンド (約11億1300万円)	ビジターセンター新設	170万ポンド (約2億5500万円)
欧州地域開発基金	150万ポンド (約2億2500万円)	柵設置	200万ポンド (約3億円)
地域再生助成金	24万ポンド (約3600万円)	保全事業	80万ポンド (約1億2000万円)
ウィラル市	250万ポンド (約3億7500万円)	倉庫新設	5万ポンド (約7500万円)
		修景事業 (池・植栽)	340万ポンド (約5億1000万円)
		屋外ファニチャー・サイン	85万ポンド (約1億2750万円)
		排水溝	33万ポンド (約4950万円)
		遊具	3万ポンド (約450万円)
		管理運営費	130万ポンド (約1億9500万円)
		経費	140万ポンド (約2億1000万円)
合計	1166万ポンド (約17億4900万円)	合計	1166万ポンド (約17億4900万円)

表3 バーケンヘッドパークの再整備事業に関わる支出と収入
(出典:バーケンヘッドパーク管理事務室提供資料をもとに筆者作成)

写真3 損傷していたバーケンヘッドパークの橋 (左) は、再整備によってオリジナルの色彩で修復された (右)

2-3　ニュータウン開発事業後の基金の活用

　他方、基金の設置によってオープンスペースのマネジメント財源を確保している取り組みもある。

　イギリスを代表するニュータウンであるミルトンキーンズでは、オープンスペースの整備後に基金を設置し、トラスト組織が一括してマネジメントを行っており、その成果は一定の評価を受けている[16]。ミルトンキーンズのニュータウン開発は1960年代に始まり、約2000 haのオープンスペースが整備された（写真4、図6）。整備後は自治体に所有権が移管されたが、1992年に「パークス・トラスト（The Parks Trust）」が設立され、オープンスペースは999年契約で委譲された。その際に用意された財源が、開発公社による2000万ポンド（約30億円）の基金であった。この30年間で新たに500 haのオープンスペースが委譲され、規模をさらに拡大している。

　60名近いスタッフを抱えたパークス・トラストの年間総収入は1000万ポンド（約15億円）程度にのぼる。収入の65％はオープンスペース内に所有する施設の賃料で、基金運用から得られる利益が10％、オープンスペースの利用料が10％を占めている。

　所有する施設は、ホテルやヨットハーバーなどのレジャー施設に加え、オフィス、駐車場と幅広く、2000 haという広大なオープンスペースでは周辺住民のみならず広域からの利用者にもサービスが提供されている。また、基金の運用も重視されており、トラスト組織の役員に不動産や金融のビジネスマンが参加している[17]。

　収入の10％にあたるオープンスペースの利用料の内訳を見てみると、敷地内で行っている酪農からの収益が55万ポンド（約8250万円）、イベント開催による収益が15万ポンド（約2250万円）、森林の材木売却益が30万ポンド（約4500万円）となっている。酪農については牛と羊を敷地内の緑地で放牧しており、酪農業として財源を確保する一手段を担うのみならず、牧歌的な風景がイメージづくりに貢献し、牧草地の管理にも一役買っている。

写真 4　ミルトンキーンズ全景 (提供：パークス・トラスト)

図 6　ミルトンキーンズ開発全体図 (提供：パークス・トラスト)

また、イベントの開催については、ニュータウンの新規住民の中には外国人も多数含まれていることから、そうした住民にも参加しやすい国際色豊かな内容とするなどの工夫が施され、地域に密着したあり方が模索されている。こうしたイベントをきっかけに、住民同士の交流を促進させることが目的の一つとされている。

　このようにパークス・トラストの運営には基金の存在が大きく影響しており、この基金を有効に利用するための取り組みが必要不可欠である。基金の運用を確実にしてきたパークス・トラストの組織力や、オープンスペースとしての可能性を引きのばす投資としての酪農や森林の有効活用といった積極的な展開が、現在のマネジメントの基盤を築いてきたといえるだろう。

　同様のトラスト組織としては、ミルトンキーンズと同時期に事業が開始されたピーターバラ・ニュータウンの「ニーンパーク・トラスト（Nene Park Trust）」が挙げられる。1988年に700万ポンドの基金により設立されたニーンパーク・トラストには、約700haのオープンスペースが999年契約で委譲されている。基金の1haあたりの金額はミルトンキーンズと同等だが、ニーンパーク・トラストでは先のパークス・トラストとは異なる戦略がとられている。

　具体的には、イギリスでも人口増加の著しいケンブリッジに隣接するピーターバラへの流入人口の増加にあわせて、隣接する農業地を購入し、敷地を拡大することで魅力を高めている。さらには、文化財発掘に関する助成を得て、考古学的にも貴重な発掘を行い、展示するなどの取り組みを行ってきた。こうした活動の財源を確保するために、ファンド・レイジングに力を入れている。また、組織の役員に地元自治体の職員はもちろんのこと、ケンブリッジ大学の学識者や都市計画家を加えていることで的確なアドバイスを得ていることも各種の判断を下すうえで重要と、経営責任者のマシュー・ブラッドバリー氏は語っていた[18]。敷地外へアウトリーチしていく取り組みも積極的に行っており、現在開発中の住宅開発に伴い整備されるオープンスペースのマネジメントも担うことになっている。

2-4 ポスト・オリンピック再開発で創設された 固定不動産チャージ

　2012 年のロンドン・オリンピック開催後、そのメイン会場はクイーンエリザベス・オリンピックパークとして整備された。

　オリンピックのメイン会場は、オリンピック準備委員会によって複数の自治体にまたがる敷地に一体的に計画された（写真 5）。整備計画の策定時から、オリンピック後の土地利用や再開発についても計画した「レガシー計画」が作成されていたことは有名である。オリンピック後は、ロンドンレガシー開発公社（London Legacy Development Corporation、以降「LLDC」と略記）によってレガシー計画が引き継がれ、会場跡地を公園として再整備し、マネジメントを担当している（3 章で後述）。

　レガシー計画では、土地利用などの空間計画のみならず、マネジメントに関する計画についても議論され、地元自治体ではなく LLDC がマネジメン

写真 5　ロンドン・オリンピックのメイン会場（©Anthony Charlton/Queen Elizabeth Olympic Park）

トを行うことが決められていた。複数の自治体にまたがる敷地に計画された国家イベントの開催地跡の公園を、一体的にマネジメントしていくためであった。

LLDC がクイーンエリザベス・オリンピックパークのマネジメントのために実施した取り組みが、「固定不動産チャージ（Fixed Estate Charge）」の創設であった。土地利用の種別ごとに設定された 1m^2 あたりの公園管理費を、事業者や住民から徴収することを可能とするものである（図 7）。具体的には、商業および大学に対しては 1m^2 あたり 1.5 ポンド（約 225 円）、住宅に対しては 1 ポンド（約 150 円）、低所得者住宅に対しては 0.5 ポンド（約 75 円）を課金することが 2017 年には検討されていた[19]。

こうした課金システムの創設にあたり参考にされたのが、ロンドンのキングスクロスの都市開発で実施されていたマネジメント費の徴収や、ウィンブルドンでコモン周辺の住民から徴収されてきた「コモン税（Commons Levy）」であった。鉄道操車場跡地が一体的に開発されたキングスクロスの詳細については次章で紹介するが、当時欧州で最大規模といわれた都市開発の敷地内には複数のオープンスペースが整備されており、開発敷地内の事業者や住民に対してマネジメント費の負担が課されている。

一方、ウィンブルドンのコモン税は、コモンを安全かつ清潔に管理するためにコモンから半径 1.2km の圏内に住む住民に課された租税で、1871 年に制定されたウィンブルドン＆パットニー・コモン法によって創設された。コモンとは、かつて領主が小作人の利用のために提供した共用オープンスペースのことである。ロンドン郊外のウィンブルドンの住民の多くは、19 世紀半ばの都市化に伴い小作人から市民へと様変わりすることとなったが、そうした変化に対して領主であったスペンサー家はコモン管理委員会を立ち上げた。住民によって選出された 5 名と、自治体と地域を代表する組織から選出された 3 名の委員で構成された委員会に土地の所有権が移譲され、委員会がコモンをマネジメントすることとなる。コモン税の徴収については、1990 年代までは委員会が担っていたが、現在は自治体が委員会に代わって徴収している。

クイーンエリザベス・オリンピックパークに話を戻すと、固定不動産

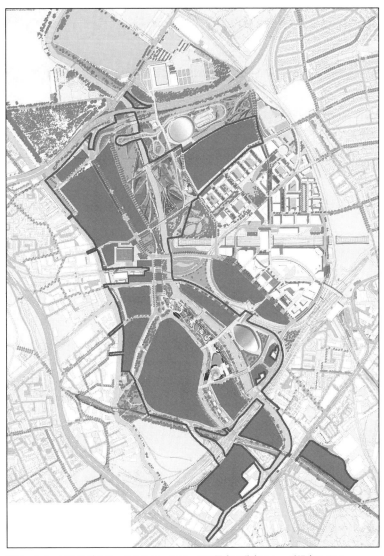

図 7　クイーンエリザベス・オリンピックパークの固定不動産チャージ課金エリア
（出典：ロンドンレガシー開発公社のホームページ）

チャージによる収入は公園のマネジメントに要する財源の一部を占めており、それ以外の財源としては公園内のカフェやイベントによる収入、また映像撮影に対する課金をはじめとする公園利用に関する収入が挙げられる。現在も再開発は進行中であり、新たな事業者や住民の増加による増収も見込まれている。

3 BID の導入

BID（Business Improvement District）のしくみがイギリスに導入されたのは 2004 年であり、以来 BID 組織の数は増え続けている。本節では、イギリスで BID（イギリスでは小文字の s をつけて BIDs と表記し、ビッズと発音することもある）が短期間に広まった経緯を辿りながら、その特徴的な取り組みについて紹介する。

3-1 タウンマネジメントから BID へ

イギリスでは、1980 年代からタウンセンター・マネジメントによる中心市街地の活性化が取り組まれてきた。タウンセンター・マネージャーが中心となり、自治体・商工会議所・不動産所有者・事業者等が連携してビジョンやアクションプランが作成されていた。こうした取り組みは日本の中心市街地活性化の施策でも参考にされたが、1990 年代に入りタウンセンター・マネジメント組織では資金の確保が大きな課題となってきた。

その解決に向けて参考にされたのが、アメリカで展開されていた BID のしくみであった。州法によって特別区を設定することが可能なアメリカと異なり、イギリスでは法律を改正する必要があったため、法整備の前にはパイロットプロジェクトが試行され、全国から選定された 22 地域で BID の社会実験が行われた。

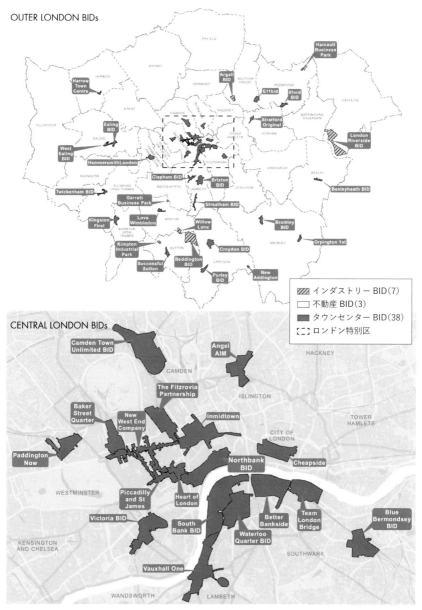

図8　ロンドン市中心部の BID
(出典：Future of London（2016）The Evolution of London's Business Improvement Districts に筆者加筆)

地域名	BID組織数	地域名	BID組織数
東ミッドランド	12	スコットランド	38
イングランド東部	26	南東部	35
ロンドン	66	南西部	34
北東部	6	ウェールズ	13
北西部	28	東ミッドランド	32
北アイルランド	8	ヨークシャー地方	18
合計			316

表4　イギリスの地域ごとの BID 組織数
(出典：British BIDs（2019）National BID Survey 2019 のデータをもとに筆者作成)

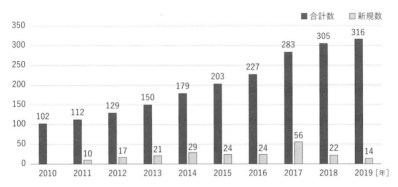

図9　イギリスにおける BID 組織数の推移
(出典：British BIDs（2019）National BID Survey 2019 のデータをもとに筆者作成)

　BID 法では、BID の導入にあたっては自治体が設置する選挙管理委員会の管理のもとで住民投票を行うこととされており、「投票率 50％以上」と「納税対象者の 50％以上の賛成」の双方が必要であることが規定されている。この条件を、パイロットプロジェクトで試行したところ、22 地域のうちの半分で BID が成立した。この結果を受け、2003 年の自治法の改正によって自治体による BID 税の徴収を可能とし、2004 年に BID 法が制定された。

　パイロットプロジェクトの際に BID が成立しなかった地域の中には、引き続き計画を深化させ、ステークホルダー間の合意形成を図ることで BID の成立に至った地域もある。現在、ロンドン市内だけでも 66 の BID 組織が

あり（図8）、イギリス全土では300を超えている（表4）。毎年その数は増加傾向にあり、右肩上がりの成長を続けている（図9）。その背景には、政府による助成に加え、ロンドンではボリス・ジョンソン前市長の時代（2008〜16年）にBIDを50件設立するという目標を掲げ助成を行っていたことなどがあった。

3-2　イギリスのBIDの運用

イギリスのBID法は、アメリカ各都市のBID条例を参考にしているが、いくつかの点で違いがある。まず、アメリカでは不動産所有者に対してBID税が課されることが多いのに対し、イギリスでは非住居利用に対して課税される事業税（Business Rate）をもとにBID税が課されるのが基本となっている。その課税率については、住民投票によって決定され、1%もしくは1.5%の税率としている組織が過半を占めている[20]。

BIDの種類	1期目	2期目	3期目	4期目	成立BID数	消滅	検討中	不成功	不成立BID数
地域	1				1				0
商業		3	2		5				0
開発					0		1		1
浸水想定地域	1				1				0
飲食	1				1				0
工業	8	14	7		29	1	1		2
レジャー	1			1	2				0
複合用途			2	1	3				0
不動産所有	3				3				0
不動産とレジャー			1	1	2				0
不動産と観光	1				1				0
観光	5	1			6		9	1	10
中心市街地	148	67	34	2	251	1	36	12	49
合計	169	85	46	5	305	2	47	13	62

表5　イギリスのBIDの種類別に見た継続性
(出典：British BIDs（2018）National BID Survey 2018 のデータをもとに筆者作成)

また、イギリスの BID の特徴として、エリアの地域資産によって「タウンセンター BID（中心市街地）」「インダストリー BID（工業）」「ツーリズム BID（観光）」等に分類することがある（表5）。圧倒的に数が多いのがタウンセンター BID で全体の 8 割以上を占めており、次点のインダストリーBID は 1 割ほどである。インダストリー BID では、都市近郊に立地する工業団地におけるエリア価値の向上を目指す活動を行っている。

　イギリスの BID 法では 5 年ごとに住民投票を開催することが定められており、これにより継続的に計画を更新し、事業の評価を行う PDCA サイクルにもつながっている。なかには、表5 に見られるように 5 年を経た後に BID が認証されなかった不成功の事例もある。この住民投票のしくみは、活動を継続的に活性化させつつ、その活動がエリアの関係者に認められるための情報の開示性を高めるなど、健全な運用を促進しているといえる。

3-3　パーク・インプルーブメント・ディストリクト

　イギリスで実施されている多様な BID の活動の中には、公園を中心とした BID 組織「パーク・インプルーブメント・ディストリクト（Park Improvement District：PID）」の可能性を模索した取り組みもある。

　ロンドン市内カムデン区に位置するブルームズベリー地区は、19 世紀初頭にベッドフォード家による大規模開発が行われ、連続する一連のスクエアが整備されたエリアである（図10）。なかでも、次章で紹介するラッセルスクエアは、ブルームズベリースクエアとともに開発地区の中心的存在として計画された。他にもタビストックスクエアやレッドライオンスクエアなど、地区内には九つのスクエアと小規模なガーデンが点在している。自治体の財源縮小に伴い、カムデン区では 2015 年頃から歴史的に関係性の深い複数のスクエアやガーデンを公民連携によって一体的にマネジメントし、地区の価値を高めていく取り組みを模索しはじめた。

　まずはカムデン区が主体となって、マネジメントに要する費用の現状を把握したうえで、スクエアの活用によって得られる可能性のある収入について

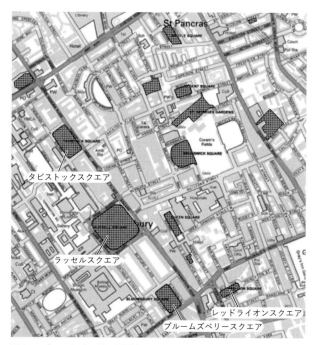

図10　ブルームズベリー地区内のスクエア
（出典：Camden Council (2016) Bloomsbury Squared Partnership Trust Funding Model）

検討を行っている[21]。その内訳としては、BIDシステムの導入、イベント収入、カフェ等の施設での収入、寄付、106条計画協定による公共貢献、スポンサーシップ、各スクエアのフレンズによる取り組みが挙げられた。各項目について可能性を検証したうえで、第一項目であるBIDシステムの導入の有効性が確認され、検討をさらに進めることが決定された。

　PIDのスキームの構築に向け、カムデン区では事業者に対して意識調査を行い、エリア設定の可能性等についてのスタディを行った。しかしながら、その調査で課税の対象となる事業者の懸念が明らかとなり、実現には至っていない。

　一方、PIDの検証と同時に、トラスト組織によるマネジメントについても検討された。そこでは、複数のスクエアのマネジメントを一つのトラスト

組織に一括委譲することによるメリットについて模索されたが、対象として
いたスクエアではまとまった財源を確保できる見通しがなく、こちらも実現
には至らなかった。

＊1　Department of Transport, Local Government and the Region（2002）Improving Urban Parks, Play Areas and Green Spaces
＊2　Select Committee on Environment, Transport and Regional Affairs, House of Commons（1999）The Report on Town and Country Parks
＊3　Town and County Planning Act 1990 中の 336 条に、「"open space" means any land laid out as a public garden, or used for the purposes of public recreation, or land which is a disused burial ground.」と定義されている。
＊4　Open Spaces Act 1906, 6 Edw. c.25
＊5　坂井文（2003）「都市中心部における小規模オープンスペースの確保に関する歴史的研究 ―ロンドンスクエア　保護法成立の背景」『都市計画論文集』38 巻 3 号
＊6　Mayor of London（2020）London Plan。ロンドン・プランは、2004 年の策定以降、2008 年、2011 年、2016 年、2020 年に改定されている。
＊7　Mayor of London（2003）Valuing Greenness: Green spaces, house price and Londoners' priorities
＊8　Mayor of London（2004）London Plan, Policy 3D.11
＊9　Mayor of London & CABE（2008）Open space strategies: Best practice guidance
＊10　City of London（2019）The City Cluster Vision: An exceptional urban environment for a thriving world-class destination
＊11　ケーブの詳細については、坂井文・小出和郎編（2014）『英国 CABE と建築デザイン・都市景観』を参照。
＊12　Heritage Lottery Fund のホームページによる。
＊13　ヘリテージ・ロッタリーファンドについては、坂井文（2008）「英国の国営宝くじ基金にみる公園の整備及び再整備に関する財源確保の手法」『ランドスケープ研究』vol.71、no.5
＊14　HLF & BLF（2006）Parks for People Guidance Notes
＊15　坂井文（2010）「英国の歴史的都市公園・バーケンヘッド公園の再整備事業」『ランドスケープ研究』Vol.73、no.5 を参照。
＊16　HLF（2016）State of Parks
＊17　フィリップ・バウシャー氏（パークス・トラストの環境・教育・ボランティア部長）へのインタビュー（2017 年 9 月 8 日）。
＊18　マシュー・ブラッドバリー氏（ニーンパーク・トラストの最高経営責任者）へのインタビュー（2018 年 3 月 15 日）。
＊19　マーク・カムレイ氏（ロンドンレガシー開発会社の公園マネジメント部長）へのインタビュー（2017 年 9 月 7 日）。
＊20　British BIDs（2019）National BID Survey 2019
＊21　Camden Council（2016）Bloomsbury Squared Partnership Trust Funding Model

3章

ロンドンと
ニューカッスルの事例

　本章では、イギリス国内の公共空間を公民連携によって整備・再整備した事例として、ロンドンの4事例とニューカッスルの1事例を紹介する。

　2章でも紹介したブレア政権による都市居住の推進、オリンピックの開催等もあり、ロンドンではこの20年間に都市開発が進み、公共空間の整備・再整備の事例が数多い。そのなかから、市内最大規模の都市開発であるキングスクロス、ポスト・オリンピックのサステイナブルな再開発として知られるクインエリザベス・オリンピックパーク、市民・行政・民間事業者の連携によるエリアマネジメントが進むラッセルスクエアとレスタースクエアについて解説する。

　一方、地方都市においても、リバプールのリバプールワン、ノッティンガムのオールドマーケットスクエア、ブライトンのニューストリートなど、数多くの中心市街地の公共空間の整備・再整備が進められた。そのうち、BIDの活動としてエリア内の複数の公共空間を再整備することでプレイスメイキングに取り組んでいるニューカッスルを紹介する。

1. キングスクロス

ロンドン最大規模の都市開発と
公共空間の創出

1　鉄道操車場跡地の大規模開発

　2000年初頭、キングスクロス駅の北側に広がる鉄道操車場跡地での都市開発計画は、当時欧州で最大規模という鳴り物入りで進んでいた。1996年にキングスクロス駅に隣接するセントパンクラス駅にフランスの高速鉄道TGVが発着することが決定し、鉄道会社が開発に乗り出した。二つの駅の北側には約27haという広大な操車場を含む工場跡地が広がっており、歴史的な産業建造物も点在する敷地全体のマスタープランの作成には数年を要した（図1）。

　2006年に開発許可がおりると、20の新たな道路を整備し、50の建築物、10の公共空間が計画され、20の歴史的建造物が保全活用されることとなった。また、業務・商業の用途に加えて、2000戸の住宅建設や大学誘致も計画された（図2）。

　まずは駅舎の整備や改修から着手され、TGVの新駅が設置されることとなったセントパンクラス駅では、1960年代に閉鎖され解体の危機にあった旧駅舎とその上階のホテルが改築された。一方、キングスクロス駅についても、レンガ造の駅舎にガラスと鉄の大屋根を加えることで新たな大空間が生

図1　1904年の敷地図（左）と2007年の航空写真（右）
（出典：King's Cross Central Limited Partnership（2006）Landscape Brochure）

リージェント運河

キングスクロス駅

セントパンクラス駅

図2　キングスクロス再開発計画と周辺図 (提供：キングスクロス・ビジターセンターに筆者加筆)

写真1　旧駅舎のリノベーションにより大屋根が架けられたキングスクロス駅

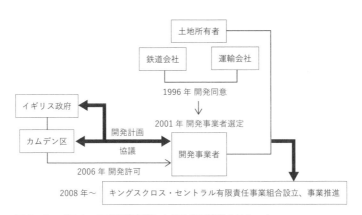

図3　キングスクロス再開発事業における公民連携のスキーム

みだされている（写真1）。

　広大な敷地の所有者である鉄道会社と運輸会社は、開発事業者としてアージェント株式会社を選定し、地元のカムデン区のみならずイギリス政府とも協議しながら開発計画を深化させていった。2008年に鉄道会社・運輸会社と開発事業者によってキングスクロス・セントラル有限責任事業組合が立ち上げられると、敷地は一括所有とされ、開発事業に勢いがついた（図3）。

2　歴史的建造物の再生、商業・業務開発と公共空間の創出

　キングスクロスのランドスケープ計画のコンセプトには、「誰でもそのときの気分や用途に合わせてスペースを選べることができるように多様な公共

❶バトルブリッジプレイス
❷パンクラススクエア
❸グラナシースクエア
❹コールドロップヤード
❺キュービットスクエア
❻ハンディサイドガーデン
❼キュービットパーク
❽R＆Sゾーンズ
❾トライアングルサイト

図4　キングスクロスのランドスケープ計画図
（出典：King's Cross Central Limited Partnership（2006）Landscape Brochure に筆者加筆）

上：図5 かつての車両基地

下：写真2 グラナシースクエア

（上出典：King's Cross Central Limited Partnership（2006）Landscape Brochure）

空間を整備する」とある。そのコンセプトの通り、整備された10の公共空間は、スクエア、パーク、ガーデンズのようにそれぞれに名称が異なり、そのスケールもデザインも多様で、利用者の気分に合わせて選択することのできる複数のサードスペースが用意されている（図4）。

　キングスクロスの都市開発の特徴の一つが、20にも及ぶ歴史的建造物の保全活用である。その先陣を切ったのが、車両基地（図5）の大改造によるロンドン芸術大学の誘致であった。鉄骨と煉瓦による大空間には、新たにガラスの軽やかな床が部分的に架けられ、地上階にはカフェやレストランが設

写真3　ガスホルダーの架構が残された住宅棟の公園

置された。外観からは大学とは思えない煉瓦の建物の前に設けられたグラナ
シースクエアでは、噴水が子供の遊び場となり、夜間には照明が独特の雰囲
気を演出している（写真2）。さらに、敷地の南側を流れるリージェント運
河に向けては階段状のテラスも設けられ、特徴あるスクエアとなっている
（p.2写真）。

　オリンピックの開催以降、キングスクロスの再開発は急速に進みロンドン
芸術大学の西側では鉄道関連施設が商業施設に改装された。並列する2棟の
石炭保管庫の間に整備されたコールドロップヤードは、独特の屋根が保管庫
をつなぐユニークな広場となっている。

　さらにその西側には、かつてガスタンクを支えていたガスホルダーの架構
を残す形で住宅棟が整備された。四つあるガスホルダーの架構のうちの一つ
は、主に住民に利用される公園の一部となっている（写真3）。

　一方、業務や商業が集積する駅付近のエリアでは、用途に合わせたスクエ
アが設計された。新築された七つの業務ビルに囲まれたパンクラススクエア

写真4　バトルブリッジプレイス

では、キングスクロス駅とセントパンクラス駅に挟まれた高低差のある三角
形の敷地をうまく利用し、水の流れと芝生で「動」と「静」を演出するデザ
インになっている（p.80写真）。スクエアに面したビルの地上階には飲食店
舗、上階にはグーグル社も入居する。ヨーロッパの小さな街の広場をイメー
ジしたというデザイン・コンセプトに沿って、可動の椅子とテーブルが用意
され、人々が思い思いに時間を過ごしている。業務ビルに取り囲まれたよそ
よそしい雰囲気ではなく、親しみやすい空間が創造されている。

　対して、キングスクロス駅とセントパンクラス駅の間に位置するバトルブ
リッジプレイスでは、駅の利用者が行き交う空間を確保しながら、植栽の周
囲に座れる場所が設置されている（写真4）。基本的には機能重視の空間で
はあるが、夏をはじめとして期間を限定して遊べるアート作品を設置するこ
とで利用者が楽しめる場づくりも実施されている。

3　多様な公共空間のマネジメント

　こうした公共空間のマネジメントは、キングスクロス・セントラル有限責任事業組合から委任を受けたキングスクロス不動産サービスが行っている。

　キングスクロス不動産サービスでは、週末ごとに開かれるマーケットやウィンブルドンテニスのパブリックビューイングといったイベントの運営を行っているが、取り組みにおいてはエリア内のステークホルダーとの関係構築を特に重視している。複合都市開発であるキングスクロスには、来街者、就業・就学者、住民などの多様な利用者が混在するが、そうした立場の異なる利用者すべてに対して快適な公共空間を提供するためのマネジメントが目指されている。ランドスケープ計画で示されていた多様な公共空間の整備というコンセプトに、多様な利用者が快適に過ごすためのマネジメントの方針が重ねられていることがわかる。

　ロンドンの都心部ではドックランズ副都心などの金融都市をはじめとして防犯カメラの設置が進んでおり、エリア内ではキングスクロス駅とセントパンクラス駅にもロンドン警視庁と鉄道警察による顔認証システムが採用されている。これに対してキングスクロス不動産サービスでは、防犯システムの一環として顔認証システムを導入することに慎重な態度を表明している。近年、プライバシー保護の観点から公共空間の監視体制に関する世論も高まりつつあり、その導入については慎重に議論しているところだという。

4　公共空間の暫定利用

　キングスクロスの開発は、その広さゆえに着工後10年以上経つ現在も工事が進行中のエリアもある。この間には、公共空間の暫定利用についても興味深い試みが見られる。

　開発敷地の北に位置するキュービットパークは、周囲を住宅や業務ビルで囲まれた細長い園内に芝生が敷きつめられたシンプルな公園である。この公園の周囲で建物が建設されていた1年半にわたり、建築・エコロジー・アートの専門家のコラボレーションによりデザインされた人工池が暫定的に設置された（写真5）。水の浄化に化学薬品を用いず、水性植物の生態を活用し

た池で、閉鎖型の生態系による浄化能力の計算結果をもとに1日163名を上限として自由に泳ぐことができるというものであった。

このプロジェクトは、「元来自然の一部である人間が都市といかに共存していくか」という問いかけのもと実施された。巨大都市開発が進む工事現場の隣で自然の力により浄化される池で泳ぐという行為を通して、都市と自然について考えることが意図されている。

写真5　キュービットパークに暫定的に設置された人工池

また、「スキップガーデン」と呼ばれる小さなコミュニティガーデンの公共空間の暫定利用の取り組みもあった（写真6）。名称にあるスキップとは、建設廃棄物用のコンテナのことである。このスキップガーデンでは、工程に応じて暫定的に空き地になっている場所と、工事で必要となるコンテナを利用すること

写真6　建設廃棄物用のコンテナを活用して設置されたスキップガーデン

で、地元住民のボランティアが野菜の栽培を行っている。大規模開発が長期化するなか、2009年から場所を変えながら継続的に実施されており、住民参加による交流の場としても活用されている。

2.クイーンエリザベス・
オリンピックパーク

ポスト・オリンピックの持続可能で
インクルーシブな再開発

1 交通拠点ストラトフォードの再開発

　2012 年に開催されたオリンピックのメイン会場の跡地に計画されたのが、クイーンエリザベス・オリンピックパーク（以降「クイーンエリザベスパーク」と略記）である。ロンドン東部のこのエリアは、古くから労働者や移民を受け入れてきた地域であり、工場も乱立していた。エリア内を流れるリー川の川岸には不法投棄の大型ゴミが散乱し、川の汚染もひどかったという。

　他方、副都心として生まれ変わったドックランズに近く、交通の便もよいこのエリアでは、オリンピックの開催決定以前から再開発の検討が進められていた。エリアの拠点であるストラトフォード駅には、ロンドンの東西を結ぶ地下鉄セントラル線や、官庁街のウェストミンスター駅や副都心のドックランズ駅に直通するジュビリー線が乗り入れ、地域のバスターミナルとしての機能も備えている。さらに、イギリスと欧州大陸を結ぶユーロスターが発着する国際駅が既存の駅に近接して計画されたこともあり、まさにロンドン東部の公共交通のハブを形成していた。

　また、リー川を上流に少しさかのぼると、川沿いに遊歩道やサイクリングロードが整備されたリーバリー広域公園があり、都心にいながら自然を享受できる環境が整えられていた。

　このように地の利に恵まれながらも、歴史的な経緯から都市開発が進まない

写真 1　中央右手のリー川沿いで建設工事が進められていた、2017 年時点のクイーンエリザベス・オリンピックパーク

状況にあったところに、オリンピックを契機として、リー川の河川環境を改良し、河川敷に公園や遊歩道などを整備していくことで、周辺の都市開発を牽引していく計画が本格的に始動することとなった（写真1）。

オリンピック終了後は、会場跡地の周辺で進められた都市開発によりこのエリアのイメージは刷新され、東ロンドン一帯の価値も向上し、現在では人々の注目を集めるエリアへと変貌を遂げている。

2　オリンピック会場のレガシー計画

オリンピック会場のマスタープランは、「安全」「サステイナビリティ」「平等と多様性」「レガシー」「デザインとアクセシビリティ」の五つの最重要コンセプトに基づいて計画され、前章で紹介したケーブによるデザインレビューを通して、上記のコンセプトを満たした設計が検討された。

オリンピック会場の開発計画の策定・審査と並行して、終了後の開発計画である「レガシー計画（Olympic Legacy Masterplan）」も策定された（図1）。レガシー計画では、終了後のメインスタジアムの観客席の減築や橋の縮小等の項目が含まれていた（写真2）。これは、オリンピック開催中は来場者に対応するために施設の規模が大きくなる計画に対して、終了後の継続的なマネジメントでは施設の縮小が必要となるための措置であった。

写真2　オリンピック終了後の橋の減築

選手村に関しては、オリンピック終了後に住宅として利用することが想定され、住棟間に「ヴィクトリアパーク」や「ポートランズレイク」と名づけられたオープンスペースが整備されている（写真3）。オープンスペースに面した地上階にはカフェが設置され、自家用車の駐車場の整備が最低限に抑えられており、その代わりに住宅棟の

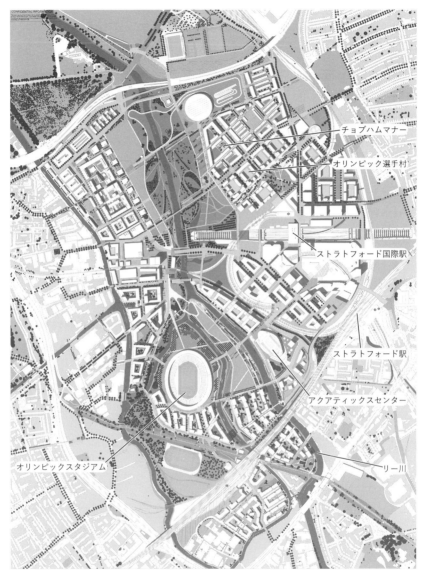

チョブハムマナー

オリンピック選手村

ストラトフォード国際駅

ストラトフォード駅

アクアティックスセンター

オリンピックスタジアム

リー川

図1　オリンピック後のレガシー・マスタープラン
（©ODA, London Development Agency, LMF Design Team に筆者加筆）

上：写真3　選手村が転
用された住宅棟のオープ
ンスペース、ポートランズレ
イク

下：写真4　住宅棟の前
に設置されたカーシェア
リング用駐車場

（上写真：©Queen Elizabeth Olympic
Park）

前の道路に「カークラブ」と呼ばれるカーシェアリングの専用駐車場が設け
られた（写真4）。

　また、オリンピック終了後の開発計画では、選手村の北側および東側に住
宅地が計画され、ストラトフォード駅付近の敷地にはオフィスビルのほか、
ロンドン大学の施設や美術館などが誘致された。同時に、メディアセンター
として利用されていた建物は、新たなソフト産業を生みだすインキュベー
ションセンターに転用されている。

3 開発計画のデザイン・マネジメント

　オリンピック終了後に実施されたこうした都市開発は、ロンドンレガシー開発公社によって策定されたガイドラインに沿って進められている。オリンピック会場は複数の自治体にまたがって計画されていたため、一体的な開発を進めるうえで計画の策定や許可を行う組織が求められた。そうした業務を担う組織として2012年に設立されたのが、ロンドンレガシー開発公社である。

　ガイドラインには、「デザインの質の向上」「インクルーシブデザイン」「スポーツと健康な暮らし」「社会経済」「平等と社会包摂」「コミュニティ参画」の六つの政策が示されている。たとえば「デザインの質の向上」では、住宅デザインで考慮すべきポイントが具体的に挙げられている。低層住宅の場合、「低炭素化に向けた建築材料の使用」「低炭素型地域冷暖房システムの利用」「屋上緑化」などの建築に関わるポイントから、「歩行者や自転車にやさしい道づくり」「持続可能な下水システム」などの都市計画に関わるポイントまでが示さ

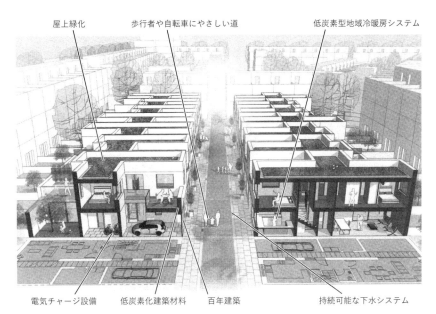

図2　ガイドラインに示された低層住宅のデザインで配慮すべきポイント
（出典：London Legacy Development Corporation（2012）Design Quality Policy に筆者加筆）

れ、住宅開発と一体となったエリアの整備が目指されている（図2）。

4 快適な居心性を追求するマネジメント

　オリンピックのメイン会場に関しては、終了後に公園として一般公開することが取り決められ、リー川沿いの環境改良から整備が開始された。その後、クイーンエリザベスパークとして段階的に開園され、今では地域住民のみならず多くの人で賑わっている（写真5、p.5写真）。

　公園の維持管理に要する財源の一部は、周辺で開発が進む住宅地の入居者や業務・商業地の事業者が負担する「固定不動産チャージ」に支えられている。固定不動産チャージは、前章で紹介した通り、公園施設の維持管理のために住戸や商業床の大きさに合わせて各戸に課せられる特別課金である。その用途は、クイーンエリザベスパークの植栽および舗装、照明、ストリートファニチャーや、監視カメラの防犯システム等の維持管理とされている。

　一方、クイーンエリザベスパーク周辺では、レガシー計画に沿って複数の住宅開発が進行する。その一つ、選手村の北側に位置する「チョブハムマナー」では、850戸の低層・中層住宅と、保育園や診療所、コミュニティセンターが計画されている（写真6）。開発中の2017年にモデルルームを訪れ

写真6　選手村の北側に計画されている住宅開発チョブハムマナーのイメージ（©Queen Elizabeth Olympic Park）

写真5　地域住民や子供たちで賑わう園内（©Queen Elizabeth Olympic Park）

た際には、ほぼ完売の状況であった。住宅棟に近い公園には遊び場が整備され、公園沿いにはランニングをしたり自転車も安全に走行できる遊歩道も設置された。

5　施設整備とマネジメントのインクルーシブデザイン

クイーンエリザベスパークの敷地は、リー川を中心に計画されているため高低差があり、親水空間の設計がデザイン上の課題であった。スロープと植栽が巧みに配置された川沿いの空間では、ランドスケープデザインとユニバーサルデザインの融合が見事に実現されている（写真7）。

イギリスでは、「インクルーシブデザイン」と呼ばれる、性別・宗教・民族等のさまざまな違いを包摂する空間デザインへの意識が高まっており、特に世界中から人が集まるオリンピックでは、その施設の整備とマネジメントを通してインクルーシブデザインを徹底することが、重要なコンセプトの一つに掲げられていた。たとえば、水泳競技の会場となったアクアティックスセンターの設計では、ケーブによるデザインレビューを経ることで、主要な入口の段差をなくし、エレベーターはわかりやすい位置に計画された。また、公園内のほぼすべての施設に車椅子でアクセスすることが可能である（写真8）。

そうした取り組みの結果、パラリンピック史上で最も成功したといわれる

写真7　園内の川沿いの
遊歩道

写真8　電動車椅子利用者もアクセスしやすい公園内のカフェ

　ロンドン大会は、施設や会場の空間計画のみならず、その社会的意味でのインクルーシブデザインについても十分に配慮されていたと評価されている[*1]。会場で実施されたインクルーシブデザインは、地域外からのインバウンドにとどまらず、地域住民に向けた取り組みでもあった。

　冒頭で紹介したように、歴史的に低所得者が数多く居住していたロンドン東部では、地域住民がオリンピックを契機とする再開発に対して大きな危機感を持っていた。そこで、会場の整備中には計画に関わる情報発信を地域住民に対して積極的に行い、建設をはじめとする就労の場と新たな技術を習得する機会を提供した。さらに、こうした取り組みは、オリンピック終了後のクイーンエリザベスパークでの活動にも引き継がれており、スポーツはもちろん、アートや音楽、環境教育などに関する取り組みを園内で提供することで、地域の新旧の住民交流の場としても機能している。

*1　坂井文（2015）「インクルーシブ・デザインの都市環境への展開手法に関する一考察」『日本建築学会計画系論文集』80（709）

3. ラッセルスクエア

所有者・事業者・利用者の
連携によるマネジメント

1 住宅街の共用庭園から地域の公園へ

　ラッセルスクエアは、ロンドンで都市化が進行していた19世紀初頭にベッドフォード卿が行ったブルームズベリー地区の一連の開発の中で整備された公園である。パーク・インプルーブメント・ディストリクトの取り組みとして前章でも触れたが、この地区に計画された複数のスクエアのうち中心的なスクエアの一つに位置づけられている。

　もともとスクエアはタウンハウスに囲まれた共有庭園として計画されたものであり、タウンハウスの住民のための空間であった。しかし、19世紀後半にロンドンで生じた深刻な住宅不足を理由に、スクエアを宅地に開発する地主も現れた。そうした状況に対する住民の反対運動を経て、1931年には都市のオープンスペースを確保することを目的として、スクエアの開発権を認めないスクエア保護法が制定された。その結果、一部の地主はスクエアを地元自治体に公園として貸し出すようになった。ラッセルスクエアはその一つであり、共用庭園から地域の公園として開放するレイアウトへ戦前に変更された。

　しかし、二つの大戦後に発生した経済状況の悪化は、自治体の予算の縮小を招き、公園の管理にも影響を及ぼすこととなる。戦後50年の間にラッセ

写真1　かつてのラッセルスクエア
（出典：English Heritage（2000）A Campaign for London Squares）

ルスクエアは荒廃の一途を辿り、1990年代にはロンドンの中心部にありながら人の近寄らない危険な場所になっていた（写真1）。

2 所有者・事業者・利用者が連携するマネジメント体制の確立

　ラッセルスクエアの再整備計画の始まりは1996年にさかのぼる。スクエアは周辺の不動産とともにベッドフォード不動産の所有であり、地元自治体のカムデン区による働きかけによってスクエアの再整備を担う協議会が設置された（図1）。この協議会において、スクエアの再整備を協働で行うこと、スクエア内に設置するカフェについてはベッドフォード不動産が主体となって開発することなどが決められた。

　再整備の際に借地公園の所有者と自治体が連携するのは当然ではあるが、カムデン区ではスクエアの利用者を「フレンズ・オブ・ラッセルスクエア（Friends of Russell Square）」としてこのプロジェクトに参画させることに力を入れた。その事務局は、ベッドフォード不動産からスクエアのカフェの運営業務を受託している事業者内に設置された。スクエア内で起こっていることをカフェで常に見ている事業者は、定期的にフレンズの理事会を開き、ニュースレターを発行することに加え、スクエア管理に関するボラン

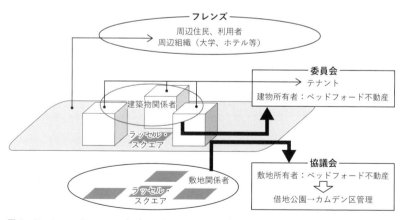

図1　ラッセルスクエアのマネジメントにおける公民連携

ティア活動をまとめるなどの活動を統括するのには適任であった。フレンズはスクエアを気にかける人々の集まりであり、近隣の住民や就業者でなくてもメンバーになることができる。

さらに、カムデン区の提案で、スクエアを取り囲む建物のテナントで構成される「ラッセルスクエア委員会（The Commission of Russell Square）」が、ベッドフォード不動産の協力を得て設立された。スクエアの整備状況は、周辺の不動産会社のみならずテナントにも大きく影響を及ぼすことから、テナントにも再整備計画への参画を促す狙いがあった。

当時カムデン区の公園・オープンスペース課の課長を務めていたマーティン・スタントン氏は、「役所の計画する維持管理の物理的側面だけでは、オープンスペースの継続的な維持は望めない。オープンスペースの状態を常に気にとめている周辺の住民や就業者の目を確実に育てることが必要だ」と語っていた[*1]。

こうして所有者・事業者・利用者の三者がそれぞれの役割を明確にしながら協働するマネジメントシステムを確立したことが、ラッセルスクエアの再整備を成功に導いた要因の一つだといえる[*2]。

3　10年間のマネジメント計画の作成

ラッセルスクエアの再整備を進めたカムデン区では、再整備計画の策定中に10年間のマネジメント計画を作成している。この計画書では、マネジメントにおける基本的な問題が列挙されたうえで、目標とその達成に向けた具体的な戦略が示されている（図2）。以下に、その特徴をいくつか紹介しよう。

まず、公園常駐者として専任のガーデナーと世話役人を置くことが定められている。世話役人は、ゴミ拾い、噴水の管理、案内などの日々の仕事をしながら、スクエア全体を監視することを主要な業務とする。加えて、セキュリティ会社との契約を予算に計上しており、緊急非常時には世話役人から連絡を受け、警備員が駆けつけることとなっている。さらには、現場でのきめ細かなマネジメント体制を構築することや、公園の利用状況を定期的に調査し、その結果を運営に反映させていくことも任務とすることが計画書に記載

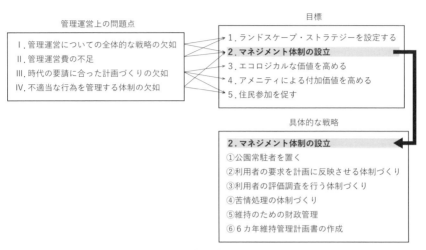

図2　再整備計画の一部であるマネジメント計画の概要 （出典：Russell Square Management Plan をもとに筆者作成）

されている。

　なお、こうしたマネジメント計画は、前章で紹介した宝くじ基金のヘリテージ・ロッタリーファンドの助成を受けるために作成されたものでもある。助成の申請には、再整備の計画とともに「10 年間のマネジメント計画」を提出することが求められている。つまり、施設の持続可能性が、助成の可否の判定基準になっているのである。

4　歴史的なランドスケープデザインの活用

　ラッセルスクエアの再整備計画に見られるもう一つの特徴が、歴史的なランドスケープデザインの活用である。

　ラッセルスクエアは、風景式庭園の設計で名を馳せていた造園家のハンフリー・レプトンによって 1805 年にデザインされ、歴史的なランドスケープデザインとしての評価も高かった。再整備にあたっては、デザインの変遷について詳細に調査され、植栽デザインなどが復元された。

　一方、地下鉄の駅からロンドン大学へ向かう通り道としてスクエアを利用する人も多かったことから、動線に関してはオリジナルのデザインを再現せ

写真 2　ラッセルスクエアのカフェ

ずに、現在の利用を重視した計画が提案された。また、再整備の際には利用
者の利便性を向上させ、スクエアの維持管理費を確保することも目的として
カフェが設置された（写真 2）。

　こうした計画案について、カムデン区では前述の協議会の中で関係者間の
合意形成を図った。そのうえで、公園内で住民向けにパネル展示を行い、ア
ンケートにより意見を集めている。その結果、必要に応じて変更を加えなが
らレプトンのデザインを再現していくことが決まった。

　イギリスでは、公園を再整備する際に、園内で計画をパネル展示して利用
者からの意見を集約する手法がしばしば使われる。都心の公園であれば利用
者が広域からアクセスすることも想定されるため、そうした手法を採ること
で利用者からのリアルな声を集め、また公園の再整備への関心を高めるとい
う効果も期待でき、興味深い手法だといえる。

＊1　マーティン・スタントン氏（カムデン区の公園・オープンスペース課長）へのインタビュー（2005 年 7
　　月 6 日）。
＊2　坂井文（2006）「ロンドンのラッセルスクエア─再生事業にみる都市公共オープンスペースの再生」『ラ
　　ンドスケープ研究』vol.69、no.5

4. レスタースクエア

BIDによる観光商業エリアの改善

1　住宅街の共有庭園から商業地の広場へ

　トラファルガースクエアの北面にあたるナショナルギャラリーの北側に位置するのが、レスタースクエアを中心とする商業地である。

　レスタースクエアは、18世紀に住宅地の共有庭園として整備された。時を経てロンドンを代表する商業地となったレスタースクエアは、ウェストミンスター区の公園となる。その際に、周辺住民の共有庭園であったスクエアのかつての歴史を踏襲し、中央に設置された彫像を中心として公園への入口が四隅に設けられた。200年以上の間に育った樹木は大木となって木陰を提供し、多くの観光客や近隣の就業者の休息場所となっている（写真1）。

　スクエアの周辺には映画館やカフェ等の飲食店が軒を連ね、夜遅くまで賑わうロンドンのナイトツーリズムの中心地でもある（写真2）。その一方で、早朝になると捨てられたゴミの清掃が必要となるエリアでもあった。

　こうした観光客の多い環境を考慮し、レスタースクエアは、治安のために夜間は施錠され、黒い鉄の柵と密集した植栽に囲まれた公園となっていた（写真3）。

写真1　再整備後のレスタースクエア（©IR_Stone/iStock）

写真2　夜に賑わうレス
タースクエア
(©Robinson Becquart/iStock)

写真3　再整備前のスク
エア

2　ハートオブロンドン・ビジネスアライアンスの設立

　ナイトツーリズムの中心地でもあるレスタースクエアで昼夜を問わず安心・安全な環境を維持することは、地域関係者はもとより、観光に力を入れているロンドン市としても喫緊の課題であった。そのため、地域の事業者や地権者は、日頃から警察や地元自治体のウェストミンスター区と協力して夜間の見回りや公共空間の清掃などに取り組んでいた。

　エリアのマネジメントを担うBID組織「ハートオブロンドン・ビジネス

ピカデリーサーカス

レスタースクエア

■ ピカデリー&セント・ジェームスエリア　　■ レスタースクエア&ピカデリーサーカスエリア

図1　ハートオブロンドン・ビジネスアライアンスの管轄エリア
（出典：ハートオブロンドン・ビジネスアライアンスのホームページに筆者加筆）

アライアンス（Heart of London Business Alliance）」（以降「ハートオブ
ロンドン」と略記）は、前章で紹介した2004年のBID法の制定にも積極的
に関わり、2005年にBID組織としての活動を開始している（図1）。具体的
な活動内容としては、エリアのプロモーション、公共空間の清掃と治安維持
を中心として、低炭素化などの環境に関わる取り組みも行っている。報告書
によると、公共空間の清掃として年間800万個のチューインガムの撤去、
72tのゴミの回収、総面積36万 m^2 の舗装洗浄といった数々の成果が列挙さ
れている。組織としては、BIDエリア内の500の事業者と100の地権者の
代表14名で理事会が構成されており、17名の職員により39haのエリアの
マネジメントを行っている。

3　歩道とスクエアを一体化した再整備

　2005年にロンドン・オリンピックの開催が決定すると、エリア内にある
レスタースクエアとピカデリーサーカスというロンドンを代表する公共空間

を再整備する計画が本格化する。

　エリア内の歩道は狭く、交通量の多い車道に観光客があふれ出る危険な状況が多く見られた。歩行者にやさしいまちづくりを進めるために、まずはピカデリーサーカスのランドマークとなっているエロス像を中心に再整備が行われた。それまで写真を撮る観光客と交差点を渡る歩行者で混雑していた空間が、歩行者が安全に通行でき観光客も楽しめる空間へと拡張されている（写真4）。ピカデリーサーカスからレスタースクエアに向かう歩道についても、車道を狭くすることで幅を広げ、車の流れを制限した歩行者優先の都市環境が整備された（写真5）。

　またレスタースクエアの再整備では、スクエアと周辺の歩行者空間が一体的に計画された。スクエアの柵の位置が変更され、歩道を広げ、柵沿いにベンチが設置されている（写真6）。また、舗装材の色をスクエアの敷地部分と歩道部分で変えることで境界線を示しながら、舗装材の材質を同質にフラットにすることで一体的な歩行者空間が実現されている。

　前述したように、スクエアは防犯のために夜間は施錠されるが、柵の外に設置されたベンチは24時間利用できる。スクエアの柵とベンチは蛇行するように計画され、スクエアの入口の歩道側には花壇とそれを取り巻くようにベンチが設けられ、入口の幅も拡張されて周辺に開かれた印象を与えている（写真7）。こうした変更により、それまでスクエア内のみに配置されていたベンチが公園沿いや入口にも設けられ、人々が気軽に休める場が増えた。

　また柵のデザインについても、先が槍のような形状をした黒い鉄製のものから波形で銀色の軽やかな素材のものに変えられたことで、その存在感が薄れている。さらに、柵の内側に密集していた植栽も整理され、歩道からスクエア内部を見渡せるようになったことも、夜間時の視覚的な安心感をもたらしている。

　歩道という歩くための空間とスクエアという滞在する空間を一体的に感じられるデザインは、都会のオアシスである広場の存在価値をより引き出したデザインといえるだろう。

写真4　ピカデリーサーカスのエロス像を中心とした歩行者空間

写真5　拡幅されたピカデリーサーカスとレスタースクエア間の歩道

写真 6　再整備されたスクエア沿いのベンチと周辺の歩道

写真 7　周辺に開かれたスクエアの入口

4 歩行者優先のエリア開発への投資

　結果的に、ハートオブロンドンはレスタースクエアの再生に1530万ポンド（約23億円）、ピカデリーサーカスの再生に1250万ポンド（約19億円）を投資している。この投資は、歩行者優先の商業地を形成してエリアの長期的な成長を導く布石とされている[*1]。

　他方、地元自治体であるウェストミンスター区も、公民連携の公共空間の再整備に向けた戦略を早い段階で表明していた[*2]。ロンドンの中心部に位置し、歴史ある建造物が多い同区では、歴史的な価値を保全するとともにインクルーシブなデザインを進めていくことを掲げており、公民連携による公共空間の再整備を促すための戦略ガイドを作成していた。この戦略ガイドにはレスタースクエアの再整備計画図も掲載されており、同計画が公民連携の取り組みの先駆けとなっていたことがうかがえる。

　ハートオブロンドンの取り組みはさらに続いている。2019年には、エリア内の今後の公共空間の再整備に向けて新たな構想[*3]が発表された。その構想では、建設コンサルタント会社ARUPとロンドン大学による現状分析を通してこれまでの活動の効果が検証されたうえで、今後の展開が提言されている。具体的には、エリアの活性化に向けて周辺からのアクセシビリティを高めることが目標として掲げられており、隣接するカムデン区をはじめとする周辺エリアとの連携も視野に入れることが検討されている。

*1　Heart of London Business Alliance（2020）Business Plan 2020-2025
*2　City of Westminster（2011）Westminster Way−Public realm strategy: Design principles and practice
*3　Heart of London Business Alliance（2019）The Economic Case for Public realm Investment in the Heart of London Area

5. ニューカッスル

地方都市のBID による
プレイスメイキング

1 BID の導入

スコットランドにも近いニューカッスルはイギリス北部最大の都市で、かつては石炭貿易や造船業で栄えた。イギリス北部の多くの都市が産業構造の転換に伴い活気を失っていったのと同じく、ニューカッスルも長い不況にあえいでいた。

21世紀を迎えるにあたり、ニューカッスルとタイン川を挟んで隣接するゲーツヘッドでは、タイン川を渡る歩行者専用橋の設計コンペが行われ、印象的なデザインの「ゲーツヘッドミレニアム橋」が建設された。さらに、橋のゲーツヘッド側には、イギリス北部で最大規模のコンサートホール「セージゲーツヘッド」の建設計画も進められた。このウィルキンソン・エア・アーキテクツ設計の歩行者専用橋とノーマン・フォスター設計のコンサートホールは、イギリスの地方再生のアイコンにもなった（写真1）。

しかしながら、ニューカッスルの中心部の活性化は引き続き課題となっており、2004年のBID法の制定（2章参照）とともに、ニューカッスルでも

写真1　ゲーツヘッドミレニアム橋（写真右下）とセージゲーツヘッド（写真左上）

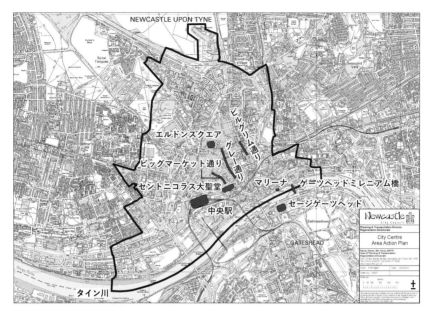

図1　NE1 の BID エリア（出典：NE1 株式会社のホームページに筆者加筆）

BID の導入が検討された。そして、BID 組織の是非を問う住民投票が行われた 2008 年、67％の信任を得て BID 組織として NE1 株式会社が設立される（図 1）。NE1 では、12 名の職員によって精力的にイベントや公共空間の再整備計画などの企画・運営が進められており、16 名の理事会には事業者のほかに市の職員や大学の教員も加わっている。この後、2013 年、2018 年と信任投票が行われたが、それぞれ 78％、88％と信任率は 10％ずつ上昇している。本節では、この 10 年間で成長を遂げた NE1 の取り組みを、主に公共空間のデザインとマネジメントの観点から紹介する。

2　BID による公共空間の再生

　BID 組織 NE1 による公共空間の再生プロジェクトは、この 10 年間で数カ所に及ぶ。NE1 の代表エイドリアン・ワーデル氏は、「そのコンセプトはプレイスメイキング」と一言で説明してくれた[1]。

写真2　城壁の遺構の一部を整備した公共空間

写真3　タイン川に設置されたマリーナ
（©NE1 BID Renewal Document）

　地名のニューカッスルの由来ともなった古城カッスルキープに隣接するセントニコラス大聖堂は、ニューカッスル中央駅にも近い観光名所だが、その前庭の部分がまずは再整備された。計画と整備の費用はニューカッスル市とNE1が折半しており、現在も前庭にはNE1の看板が立っている。市内にはかつての城壁の遺構が点在しており、その一部を公共空間として整備する活動にもNE1が関わっている（写真2）。

　また、NE1では、かつて造船業でも栄えたまちのアイコンともいえるタ

写真4　ビッグマーケット通りの再生（©NE1 BID Renewal Document）

イン川にマリーナを設置する事業にも市と共同で取り組んでいる（写真3）。夏には多数のレジャーボートがタイン川を行き交うが、それまではニューカッスルに寄港する場所がなく素通りしていた。そこで、マリーナの設置とともに、川岸の一角の空き地をビーチと銘打った砂地にしてカフェを設けたところ、川からの来街者が増加した。

　こうした公共空間の整備に加えて、現在は中心部の複数のストリートの改善案を提案している。それらの改善案については、パンフレットを作成したうえで関係者への説明や議会へのロビー活動も展開しており、ビッグマーケット通りの計画については宝くじ基金（2章参照）の助成もとりつけた（写真4）。NE1のワーデル氏は、「提案し続けることによってチャンスをつかむことが重要」と強調し、これからも「計画案を作成し続ける」と語っていた。

3　賑わいを呼ぶ公共空間の活用

　さらに、NE1では、公共空間の整備にとどまらず、既存の公共空間を活用する取り組みも積極的に実施している。

　代表的な活動としては、ニューカッスルの中心市街地で開催しているモー

写真5　グレー通りのモーターショー （提供：NE1株式会社）

ターショーが挙げられる（写真5）。ニューカッスルを代表するグレー通り
は北のリージェント通り（ロンドンを代表する通り）と呼ばれ、石造の古典
主義様式の建築が建ち並ぶ。そうした重厚な建物をバックに、高級車やク
ラッシックカーがピンコロ石を敷き詰めた通りに並ぶ様子は圧巻で、累計
11万人が訪れるイベントとなっている。

　ほかにも、ニューカッスルの短い夏を有効に利用しようと、夏期に中心市
街地のさまざまな公共空間でイベントをしかけている。たとえばエルドンス
クエアでは、夏休みの間に子供連れが楽しめる映画を毎日無料で上映する企
画を行っている。その映画の途中には、NE1が再整備に取り組んでいるビッ
グマーケット通りのかつての賑わいを振り返る短編プロモーション映画も上
映されており、公共空間の再整備について積極的に広報していく活動も展開
している。

　さらに、夏の週末に開催されるイベント「サマー・イン・ザ・シティ」で
は、まちの目抜き通りであるピルグリム通りに1000m^{2}に及ぶ人口芝が敷か

れ、カラフルなソファやデッキチェア等が設置される（p.6 写真）。まちに
人が訪れ、長時間滞在することによって賑わいが生まれることを意図したイ
ベントだといえるだろう。

4 公共空間から商店や水辺にも波及

　上記のようなイベントのほかに、エリア内の飲食店で閑散期に期間限定で
特別メニューや割引メニューを提供してもらう「レストランウィーク」や、
17時で閉店することの多かった商店の営業時間の延長を促進する「アフター
5運動」といった商業振興にも取り組んでいる。

　当初13軒のレストランで開始されたレストランウィークも現在では100
軒以上が参加し、約530万ポンド（約8億円）の収益を上げている。また、
アフター5運動により、多くの店が夜遅くまで営業するようになった。こう
した活動によって人々が公共空間に滞在する時間も長くなり、公共空間の再
生やマネジメントがより重要になるという好循環も生まれている。先に紹介
した中心市街地でのストリートの改善も、こうしたまちの賑わいをさらに確
固たるものにする試みとも位置づけられ、公共空間の整備とその活用を両輪
としてまちの活性化が進められていることがわかる。

　このように中心市街地での公共空間の活用を中心に活動してきた NE1 が、
近年着目しているのがタイン川である。今後の計画として、5年間でタイン
川でのアクティビティを活性化させ、ニューカッスルの発展に大きく貢献し
てきたタイン川の存在をアピールしていくことを掲げている。その取り組み
のスタートとして、2019年夏には、カヤックを体験しながらニューカッス
ルの街並みを楽しむイベントが開始された。まずは川に親しんでもらい、川
と都市の関係を実感してもらうことが狙いである。さらに、先に紹介した川
沿いのマリーナとビーチを拠点としたタイン川の活用も積極的に展開されつ
つある。

　こうした NE1 の活動は、2週間ごとに刊行しているフリーペーパーを通
して広報されており、その発行部数は1万7000部にのぼる。記事の中では、
公共空間に捨てられたゴミを1年に7800袋分収集し、5475回の緊急清掃の

要請に的確に対応し、警察や市役所に 5200 件の通報を入れていることが報告されるなど、活動の成果が市民に向けてわかりやすく公表されている。こうした成果は、冒頭に紹介したここ数年の NE1 の信任率の向上にも確実につながっているようだ。

*1　エイドリアン・ワーデル氏（NE1 株式会社のディレクター）へのインタビュー（2018 年 3 月 6 日）。

Part.2

PUBLIC SPACE MANAGEMENT IN USA

2部

アメリカ

4章

アメリカの公民連携による
公園のマネジメント

　ベトナム戦争の長期化による不安定な社会情勢に直面した1970年代のアメリカでは、行政の予算縮小が進み、公園に対する予算も削減され、そのマネジメントにも深刻な影響を及ぼしていた。さらに当時、郊外の商業モールをはじめとする多様な余暇の過ごし方が広がり、人々の公園に対する興味も失われていくという背景も重なった。

　アメリカを代表するニューヨークのセントラルパークまでもが行ってはいけない場所といわれるまでに荒廃するなか、公民連携による公園の再整備やマネジメントが進められていく。ランドマーク的な都市の公園から取り組みが始まり、近年では身近な公園や郊外の大規模公園についても公民連携によるマネジメントが展開されるようになった。

1 公園のマネジメントにおける公民連携

「市民が公園に関与することを認めるようなシステムがない」。

ニューヨーク・セントラルパークの活性化に向けて、市民団体を設立し活動していたエリザベス・ロジャースのこの思いから、「ニューヨーク・セントラルパーク・コンサーバンシー（New York Central Park Conservancy：NYCPC）」は 1980 年に誕生し、セントラルパークの再整備と活用促進のための広報や寄付金集めなどが展開された。

「コンサーバンシー」とは、アメリカで始まった公園の再生を目指し活動する非営利組織で、公園の再整備に向けた計画を立て、主に寄付から得た財源をもとに活動している。その活動は、1980 年代に荒廃していた公園の再生を目的として、公園を所有し管理する行政と協働する利用者や周辺住民を中心に始まったが、近年では新設の公園のマネジメントを担うコンサーバンシーも生まれている。

セントラルパークの詳細については 6 章 1 節で紹介するが、ここではコンサーバンシーが公民連携の一つのシステムとして全米に広がっていった経緯について整理する。

1-1 コンサーバンシーの全米への展開

財政難による連邦政府の予算削減の影響もあり、1980 年代には全米の多くの都市のランドマークともいえる公園で公民連携によるマネジメントが同時多発的に起こった。

たとえば、1981 年には西海岸のサンフランシスコ市に「ゴールデンゲート国立公園アソシエーション（Golden Gate National Park Association）」が設立された。その活動は郊外のゴールデンゲート国立公園の管理を目的に始まったが、その後は同市および隣接する他の 2 都市の 37 の公園にまで対象が広がり、2003 年には「ゴールデンゲート国立公園コンサーバンシー

(Golden Gate National Park Conservancy)」と名称が変更されている。

　ゴールデンゲート国立公園コンサーバンシーの中心的な活動は、エコロジカルな植生の再整備や野生動物のモニタリングなどを行う自然保護活動であり、その活動を継続するためにボランティアをサポートするグループを形成してきた。具体的な活動内容の一例としては、2013年には3.5万人のボランティアが延べ50万時間以上を費やし、トレイルやサインの整備、ツアーサービスの提供、書店の運営、寄付金の呼びかけ等が行われた[*1]。

　一方、ニューヨーク市では、先のニューヨーク・セントラルパーク・コンサーバンシーが、公園のマネジメントについて組織的に取り組んでおり、市と協定を締結して維持管理にとどまらない再整備も手がけていた。こうした取り組みが横展開し、1980年代後半には同市のリバーサイドパークやプロスペクトパークにもコンサーバンシーが誕生する。その後、ニューヨーク市内だけでも最盛期には20のコンサーバンシー（小規模のものも含めると40）が誕生したという[*2]。

　全米の大都市に波及したコンサーバンシーのうち、特に活発な活動を続けている41のコンサーバンシーを見ると、その多くは地方都市を代表する公園であり、継続的に設立されてきていることがわかる（表1）。

　一般市民のボランタリーな活動によって公園の維持管理を行うという意味では、コンサーバンシーとともに、「フレンズ」と呼ばれる組織による取り組みも活発である。フレンズが日常の維持管理における草の根的な市民活動であることが多いのに対して、コンサーバンシーは行政に対して公園のよりよいマネジメントを提言し、それを実行するために寄付等により財源を確保する、より積極的な活動といえる。

　コンサーバンシーの活動が多くの都市で展開されている主たる背景には、地方都市を代表するような公園であっても、行政の管理下にあっては他の公共空間と同様の仕様や予算に基づいてマネジメントが行われることに対する反動があった。また、首長の交代によって公共空間に対する行政のスタンスが変わるという過去の経緯から、政治に左右されない継続的なマネジメントが、少なくとも都市のランドマークとなる公園には必要であるという認識も

コンサーバンシー名	設立年	都市名	公園名（設立年）
Central Park Conservancy	1980	New York	Central Park (1858)
Bushnell Park Foundation	1981	Hartford	Bushnell Park (1854)
Historic Oakland Foundation	1984	Atlanta	Oakland Cemetery (1850)
Friends of Fair Park	1986	Dallas	Fair Park (1886)
Buffalo Bayou Partnership	1986	Houston	Buffalo Bayou (1899)
Riverside Park Conservancy	1986	New York	Riverside Park (1872)
Forest Park Forever	1986	St. Louis	Forest Park (1876)
Prospect Park Alliance	1987	New York	Prospect Park (1868)
Staten Island Greenbelt Conservancy	1987	New York	10 parks (1984)
Piedmont Park Conservancy	1989	Atlanta	Piedmont Park (1887)
Louisville Olmsted Parks Conservancy	1989	Louisville	18 parks and parkways (1880)
Forest Park Conservancy	1989	Portland	Forest Park (1947)
Randall's Island Park Alliance	1992	New York	Randalls Island Park (1933)
The Battery Conservancy	1994	New York	The Battery (1823)
Buffalo Olmsted Parks Conservancy	1995	Buffalo	21 parks and parkways (1870)
Guadalupe River Park Conservancy	1995	San Jose	Guadalupe River Park (1990)
Pittsburgh Parks Conservancy	1996	Pittsburgh	8 parks (1889)
Emerald Necklace Conservancy	1997	Boston	5 parks (1879)
Grant Park Conservancy	1999	Atlanta	Grant Park (1883)
Friends of Hudson River Park	1999	New York	Hudson River Park (2003)
Friends of the Public Garden, Inc.*	2000	Boston	3 parks (1634)
Memorial Park Conservancy	2000	Houston	Memorial Park (1925)
Friends of the High Line	2000	New York	High Line (2009)
Detroit 300 Conservancy	2001	Detroit	4 parks (1847)
Fairmount Park Conservancy	2001	Philadelphia	353 parks (1855)
Detroit Riverfront Conservancy	2002	Detroit	12 parks (1975)
Madison Square Park Conservancy	2002	New York	Madison Square Park (1847)
Trust for the National Mall	2002	Washington, D.C.	The National Mall (1791)
Chastain Park Conservancy	2004	Atlanta	Chastain Park (1938)
Rose Fitzgerald Kennedy Greenway Conservancy	2004	Boston	5 parks (2007)
Woodall Rogers Park Foundation*	2004	Dallas	Klyde Warren Park (2012)
Civic Center Conservancy	2004	Denver	Civic Center (1894)
Discovery Green Conservancy	2004	Houston	Discovery Green (2008)
Hermann Park Conservancy	2004	Houston	Hermann Park (1914)
Brooklyn Bridge Park Conservancy	2005	New York	Brooklyn Bridge Park (2010)
Shelby Farms Park Conservancy	2007	Memphis	Shelby Farms Park (1975)
Mount Vernon Place Conservancy	2008	Baltimore	Mount Vernon Place (1829)
Railroad Park Foundation	2008	Birmingham	Railroad Park (2010)
Brackenridge Park Conservancy	2008	San Antonio	Brackenridge Park (1899)
Overton Park Conservancy*	2011	Memphis	Overton Park (1901)
Myriad Gardens Foundation*	2011	Oklahoma City	Myriad Botanical Gardens (1981)

表 1 全米の主要な都市公園コンサーバンシー
（出典：Trust for Public Land（2015）Public Spaces / Private Money をもとに筆者作成）

強まっていた。

　都市を代表する公園には、都市化や近代化が進む過程において形成された
ものが多く、その社会が公共空間をどのように考え形成してきたかを物語る
ものも多い。こうした独自の歴史的な背景を持って誕生した公園には、その
文化性を尊重した独自の再整備やマネジメントの手法が必要であるという機
運が高まったともいえる。

　では、それを実現するためにはどのような体制が考えられるだろうか。都
市のランドマークとなる公園は市民の関心が高く、寄付という資金や労力の
提供による支援が集まりやすい。さらに、都市の顔として再生された公園
は、目に見える成果としてわかりやすく、シビック・プライドを醸成する可
能性も高い。こうした要因から、市民や民間企業の人力・財力・技術力を結
集し、行政と連携しながら公園の魅力を創造し発信していく公民連携の一つ
のスタイルとして、コンサーバンシーが広まったといえる。

1-2　プロジェクト・フォー・パブリックスペース

　コンサーバンシーの活動が全米に波及した背景には、公共空間に関わる公
民連携（Public Private Partnership：PPP）の取り組みもあった。

　1970 年代から活動している「プロジェクト・フォー・パブリックスペー
ス（Project for Public Spaces：PPS）」は、都市の公共空間の活用をサポー
トする NPO 組織で、コンサーバンシーの取り組みも支援してきた。

　PPS がまとめた書籍『パブリックパークス、プライベートパートナーズ
（Public Parks, Private Partners）』（2000 年）[*3] は、アメリカで 20 年近く
にわたり実施されてきた公民連携による公園のマネジメントについて整理し
ながら、そのポイントを解説したガイドブックである。本書によると、全米
で見られる公園に関わる公民連携の取り組みは次の五つのタイプに分けられ
るとしている。

　①主に維持管理についてボランティア活動を展開する

②再整備等を含む運用についても先導的に取り組む

③行政と共同でマネジメントを行う

④単独組織でマネジメントを行う

⑤広域にわたるパートナーシップにより活動を展開する

このうち、市民によるフレンズ等の組織によって公園の維持管理の一部を
ボランティアで担うタイプが①で、先導的な人物や組織が率先して公園のマ
ネジメントにあたるコンサーバンシーは②に相当する。③と④についてはマ
ネジメントの進め方の違いによる分類ともいえ、管理者である行政と共同で
マネジメントを行うタイプと、大部分の権限と責任を委譲された組織が単独
でマネジメントを行うタイプに分けられる。最後のタイプ⑤については、複
数の公園における公民連携活動の取り組みといえる。

公民連携の主な取り組みとしては、①財源の確保、②ボランティア活動の
組織化、③改修プロジェクトの計画立案、④広報とマーケティング、⑤プロ
グラミング、⑥アドボカシー（支持）、⑦改善型の維持管理、⑧日常的な維
持管理、⑨防犯活動、の9点が挙げられる。

①財源の確保については、日常的な維持管理費や改修プロジェクトの費用
の確保、さらには持続可能な運営のための基金の設立がある。改修プロジェ
クトは、大規模な改修や再整備を行う場合には行政が負担することが多いが、
小規模な計画の場合にはそのデザインや施工の計画管理を民間サイドが担当
している例が多い。これは、③改修プロジェクトの計画立案にもつながり、行
政の計画が陥りがちな画一的なデザインとは異なる革新的なデザインを採り入
れることも、民間組織の取り組みの特筆すべき点であると指摘している。

④広報とマーケティングの重要性については、公園離れが進む利用者にそ
の魅力を知ってもらうために利用者のニーズをより正確につかむことが重視
され、現状調査やマーケティング調査等の必要性が挙げられている。その結
果を形にするという意味では、⑤プログラミングにおけるイベントやプログ
ラムの組み立て方が、公園の利用促進の成否を左右するとしている。

また、公園の潜在価値を高める活動を積極的に行うことも民間サイドの役
割となる。⑥アドボカシー（支持）は、公園の特筆すべき価値を保全したり

向上させるための活動を指し、フレンズなどのボランティアの活動から発展した例も多数見られる。

　多くの組織は、⑧日常的な維持管理よりも、⑦改善型の維持管理に重点を置いた取り組みを展開している。従来通りの手法を踏襲してきた行政には気づきにくい、通常の維持管理を改善する等の創意工夫については、民間の力が発揮されやすいからである。また、アピール力がある事業の提案は寄付などを募りやすいことも、その背景にある。

　最後の⑨防犯活動は、公園の活用を高めるための必須項目ではあるが、民間組織の取り組みとしては難しい側面がある。防犯専用スタッフを雇用するには経費がかかり、組織として定常的に防犯サービスを提供し続けることには限界がある。現実的には、防犯活動という単独項目で取り組むというよりは、利用者の増加に向けた取り組みが結実することによって、結果的に防犯効果が上がることを目指しているパートナーシップが多い。

1-3　公民連携を進めるための四つのポイント

　こうした公民連携による公共空間のマネジメントを進めていくうえで重要なポイントを、①協定の結び方、②ビジョンの共有、③NPO等民間組織の形成、④財源の確保の4点から整理してみる。

　①特定の公共空間のマネジメントを担うにあたり行政と民間の間で取り交わす協定の結び方としては、アメリカでは覚書（Memoranda of understanding：MOU）、協定書（Agreement）、契約書（Contract）などが挙げられる。活動の内容や責任の所在を明確にすることが目的であり、対象となる公共空間や民間組織の状況によって対応が異なる。

　②ビジョンの共有は、立場の異なる複数の組織がそれぞれに公共空間に対する考え方を理解したうえで、実現したい共通の目的を明らかにすることを目的としている。マスタープランの作成という作業は、それぞれの考え方の違いを超えて共通のビジョンを形成してくプロセスであり、その後の協働のスタイルや行動計画、また活動資金の獲得について議論する場ともなる。

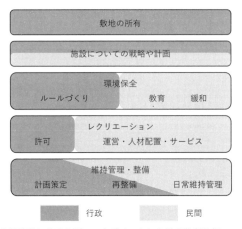

図1　公民連携による公園のマネジメントにおける役割分担のスキーム
（出典：Reason Foundation and The Buckeye Institute（2013）Parks 2.0: Operating State parks through public private partnerships をもとに筆者作成）

③健全な活動を継続できる NPO 等の民間組織の形成においては、理事会などの中核組織の設定とメンバーの役割分担の設定が重要といえる。メンバーは、寄付を集める、計画を策定する、計画を実施する、行政経験があるなど、それぞれの強みを発揮できる多様な人材によって構成されることが望ましい。

最後の④財源の確保については、維持管理と再整備とに分けて考える。維持管理については行政からの委託金が得られるが、民間組織が力を発揮するには寄付によって財源を確保し、行政による維持管理では難しかった活動を展開することが求められる。また再整備を進めるにあたっては、建設費等のハード面のコストのほかに、デザイン、保険、法務、プロジェクトマネジメント等のソフト面のコストについても考える必要がある。

これら4点のうち、②ビジョンの共有は、公民連携による公共空間マネジメントを進める土台となり、行政と民間が協働するうえでの役割分担を明らかにしていくことになる。公共と民間の役割分担のスキームは、公民連携による公園のマネジメントの場合、図1のようにも表せる。

2 BIDによる都市公園のマネジメント

BIDとはBusiness Improvement District（ビジネス・インプルーブメント・ディストリクト）の頭文字をとった略称である。ビジネスを展開しているエリアの環境を継続的に向上させるために、特別区を設定したエリア内の所有者から分担金を特別税として徴収し、それをもとにエリアの清掃や防犯といった活動を行う。前述の通り、1970年代のアメリカでは、ベトナム戦争の長期化による不安定な社会情勢もあり、行政の予算が削減され、公共サービスが低下する事態が発生していた。こうした社会情勢の変動によって公共空間の治安や景観が悪化していく状況を回避するために、安定したビジネス環境を創出しながらエリアの魅力を創造する、BIDの取り組みが1980年代より全米各地で実施されてきた。なお、BIDと同様のしくみではあるが、シカゴ市のように「スペシャル・サービス・エリア（Special Service Area）」等の別の名称で特別区を設定している自治体もある。

2-1 財源としてのBID導入の検討

アメリカで最も多くのBIDが設定されているニューヨーク市には、現在70カ所を超えるBIDが存在する。市の中心であるマンハッタン区に集中しているが、他の四つの区（ブロンクス区、ブルックリン区、クインズ区、スタテンアイランド区）においても展開されている（図2）。

マンハッタンのミッドタウン、42丁目街に位置するブライアントパーク（6章4節で詳述）では、1980年に同公園の再整備を担うNPO組織「ブライアントパーク・リストレーション・コーポレーション（Bryant Park Restoration Corporation：BPRC）が設立され、86年には公園を含む周辺エリアにBIDが設定された。ブライアントパークの再整備とその後のマネジメントが成功を収め、その活動を参考に公共空間の持続可能なマネジメントに向けた財源確保のために、BIDの設立を模索する組織も現れた。

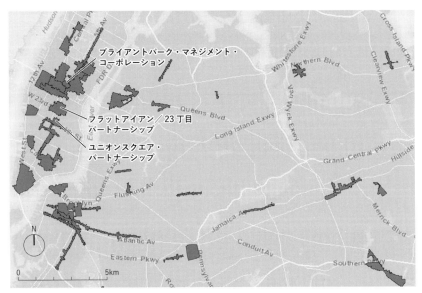

図2　ニューヨーク市におけるBID設定エリア（出典：ニューヨーク市のホームページに筆者加筆）

写真1　ハドソンリバーパーク

たとえばハドソンリバーパークは、マンハッタンの西側を流れるハドソン川沿いの 6.4km に及ぶ南北に長い公園である（写真 1）。ニューヨーク州によって 1998 年に設立された「ハドソンリバーパーク・トラスト（Hudson River Park Trust)」が、その整備からマネジメントまでを 20 年以上にわたって担ってきた。一方、トラストが協働する市民団体である「ハドソンリバーパーク・フレンズ（Hudson River Park Friends)」は、ボランティア活動によってその維持管理を続けてきたが、将来の持続可能な運営を議論するなかで BID の設立が提案された。

　フレンズによって作成された調査報告書には、BID を設立することによって周辺不動産の価値が高まったブライアントパークの事例が紹介され、BID による公園の維持管理や今後の再整備の資金の確保などの利点が強調されている[*4]。他方、さらなる課税となることに対する不満も地域内に少なからずあることや、市から支給されている公園の維持管理費が削減されるのではないかといった危惧があることも指摘されている。調査報告の最後には、BID ではなく、「ネイバーフッド・インプルーブメント・ディストリクト（Neighborhood Improvement District)」としての展開の模索が提案されている。

　また、ビジネス用途の業務ビルに囲まれたブライアントパークと、住宅用途のマンションが公園沿いに並ぶハドソンリバーパークとでは、土地利用の違いは明らかであり、周辺関係者によるマネジメントにはそれぞれの方法があることが指摘されている。エリアの中心である公園の環境を継続的に向上させる目的は同じであっても、その手法は異なるものとなることは、セントラルパーク・コンサーバンシーの取り組みについてヒアリングを行った際にも聞かれた。コンサーバンシーのサラ・ミラー氏に BID の可能性を尋ねた際には、「セントラルパーク周辺の多くは住宅であり、BID の手法はなじまない」という回答が返ってきた[*5]。

2-2　マディソンスクエアパークとユニオンスクエア

　ニューヨーク市内の 76 カ所の BID のうち、公園を中心にエリアを設定し

写真2　マディソンスクエアパーク

写真3　ユニオンスクエアで開催されるジョギングイベント

ている BID としては、ブライアントパーク、マディソンスクエアパーク、ユニオンスクエアの 3 カ所がある。そのうち、マディソンスクエアパーク（写真 2）とユニオンスクエア（写真 3）では、公園を除いた周辺エリアに BID が設定されている（図 3、4）。

　マディソンスクエアパークでは、公園は NPO 組織「マディソンスクエアパーク・コンサーバンシー（Madison Square Park Conservancy）」が、公園の周辺は BID 組織「フラットアイアン／23 丁目パートナーシップ（Flatiron/23rd Street Partnership）」がマネジメントを行っており、各担当エリアは重なっていない（p.207 図 1 参照）。マディソンスクエアパーク・コンサーバンシーは公園のマネジメントを担う組織として設立され活動しているのに対して、BID 組織では公園周辺のエリアの活性化を主要な活動にしている。と同時に、二つの組織は、植栽管理やホームレス対策について協働しており、エリア一帯の快適性の向上を目指した活動を展開している（6 章 3 節参照）。

　対して、ユニオンスクエアでは、NPO 組織「ユニオンスクエア・パートナーシップ（Union Square Partnership）」が、スクエアや周辺の商業・業務施設、住居を含むエリア全体の活性化に向けた取り組みを 40 年以上にわたり実施している。ユニオンスクエア地域は、19 世紀前半までマンハッタンの商業の中心地として栄えたが、ミッドタウンへとその中心が移り変わるとともに衰退し、1950 年代には大型店舗が相次いで撤退した。地域の有志によって 1976 年に立ち上げられた「14 丁目通り開発協会（14th Street Local Development Corporation）」が、現在のユニオンスクエア・パートナーシップの始まりである（図 5）。

　その後 1979 年、ニューヨーク市の BID 第一号として、公園を除いたエリアのマネジメントを行う BID 組織「ユニオンスクエア地域マネジメント協会（Union Square District Management Association）」が設立される。同協会が 2003 年に改名され、現在の「ユニオンスクエア・パートナーシップ・地域マネジメント協会（Union Square Partnership District Management Association）」となった。

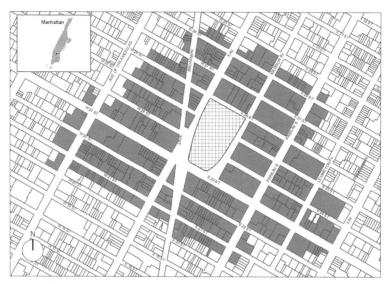

図3　マディソンスクエアパークの BID エリア（グレー部分）と NPO エリア（ハッチ部分）
（出典：ニューヨーク市のホームページに筆者加筆）

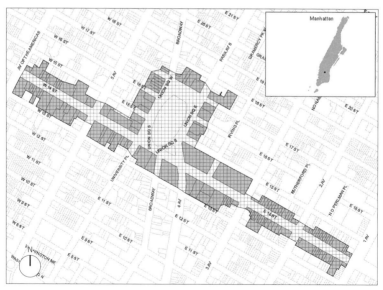

図4　ユニオンスクエアの BID エリア（グレー部分）と NPO エリア（ハッチ部分）
（出典：ニューヨーク市のホームページに筆者加筆）

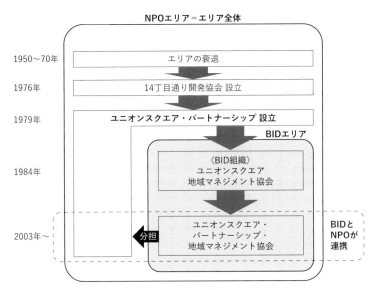

図 5 ユニオンスクエアにおける組織形成の経緯

　NPO 組織と BID 組織は、別々の理事会のもと別会計で活動しているが、事務所を共同で利用するなどの協働体制がとられている。ユニオンスクエアの維持管理を委託しているユニオンスクエア・パートナーシップに対して、BID 組織から年間 30 万ドル（約 3300 万円）程度の分配が計上されるしくみになっており、公園のマネジメントに対する財源の一部となっている[*6]。

2-3　BID と NPO の協働スタイルの違い

　こうした公園を中心とした BID と NPO の協働は、マネジメントの財源を確保する連携の形を模索しているともいえる。以降では、ユニオンスクエアとマディソンスクエアパークでどのように連携が形成されたか、公園や地域の特性の違いから整理してみる。

　ユニオンスクエアでは、NPO 組織であるユニオンスクエア・パートナーシップが 1970 年代後半に公園周辺のエリアの活性化のために設立され、そ

の後1984年に公園を除いたエリアについてBID組織が設立された。対して、マディソンスクエアパークでは、2002年に公園のマネジメントを行うコンサーバンシーが立ち上げられ、公園が面する23丁目通りを中心とするBID組織が2006年に設定された。マディソンスクエアパークは、後述する市の都市公園基金からの助成をもとに再整備された公園であり、コンサーバンシーはその再整備を契機に設立されたものである。

　つまり、マディソンスクエアパークでは公園のマネジメントとその活性化に焦点が当てられていたのに対して、ユニオンスクエアでは公園とその周辺を含む広いエリアを対象とした活動から取り組みが始まっている。そうした活動対象の違いは、現在の組織とその活動内容の違いにも表れている。

　また、両者の空間的な構造の違いに着目すると、ユニオンスクエアを取り囲む歩道は一般の歩道よりも幅が広くなっており、毎週定期的にマーケットが開かれ、イベントを行うにも適した場所となっている（写真4、p.10写真）。対して、マディソンスクエアパークを取り囲む歩道は市の通常の歩道幅であり、イベントを行うのは難しい。それを補うかのように、隣接するブロードウェイの歩行者空間化に伴い創出された滞留空間のマネジメントをBID組織が行っている（写真5）。つまり、公園周辺の商業への波及効果が起こる可能性がある空間構造となっているのはユニオンスクエアであり、マディソンスクエアパークはどうしても公園として閉じられた印象がぬぐえない。

　さらには、公園周辺の土地利用を見ると、業務が中心のブライアントパークと異なり、両者ともに商業・業務・住宅の用途が混在している点は共通している。しかし、23丁目通りに面しているマディソンスクエアパーク周辺では商業よりも業務の比重が高く大規模な建築が多いのに対して、14丁目のユニオンスクエア周辺は商業がより活発な地域で、中小規模の建築が多数を占めている。その背景には、20世紀前半までマンハッタンの商業の中心として栄えたユニオンスクエアの歴史的な経緯がある。

　ユニオンスクエア・パートナーシップは公園周辺の商業振興を目的に設立され、公園が地域のアイデンティティの中心となっている一方で、マディソ

写真4　ユニオンスクエアで開かれるマーケット

写真5　マディソンスクエアパークとブロードウェイの歩行者空間化

ンスクエアパークではフラットアイアンビル（写真5の右）という象徴的な高層建築がランドマークとされてきた。こうした地域のアイデンティティを形づくる公園としての役割の違いも影響していると考えられる。

　ブライアントパークの成功事例は、公園の再整備から始まり、その後の公園のマネジメントも BID 組織が担うことになったために、ある意味シンプルな構造となっていてわかりやすい。しかし、公園とその周辺の土地利用は地域によって異なるため、マディソンスクエアパークとユニオンスクエアのケースに見られるように、NPO 組織と BID 組織の役割分担に違いが生じることもある。前者は、公園の再整備やマネジメントを行う NPO 組織と公園を取り巻くエリアのマネジメントを担う BID 組織がそれぞれ独立しながらも協働しているケースであるのに対して、後者は、公園を含む周辺一帯の活性化を目指した NPO 組織が公園部分を除いた BID 組織を設立し、財源の確保の一端を担っているケースである。

　どちらの公園も複数の地下鉄路線が交わる主要なターミナル駅のある大通りに面しており、その活用に潜在的なポテンシャルがあった点では共通している。しかし、周辺の土地利用や地域における公園の位置づけ、また公園の空間構造の違いが、結果的にそのマネジメントを行う NPO 組織と BID 組織の役割分担に影響している。

　近年では、日本においても公園を中心としたまちづくりや中心市街地活性化の取り組みが見られ、「日本版 BID」ともいわれる地域再生エリアマネジメント負担金制度も創設されている。ここで紹介したニューヨーク市の公民連携の取り組みは、公園という公共空間における活動と、その周辺地域の課題の解決に向けた活動を連携させ、地域全体の活性化や活動の財源確保のしくみをつくる一つの方法として参考になるのではないだろうか。

3　身近な公園の公民連携を促す行政のサポート

　ここまで紹介してきたような都市のランドマークとなるような公園は、社会の注目度も高く賛同を集めやすいが、そうした公園はほんの一握りに過ぎず、大多数の公園は注目されることはない。しかし、こうした特別に注目されることのない身近な公園も同様に、行政の財源縮小によって管理の行き届かない荒れた状態となっていた。身近な公園について、行政はどのような支援を行っているのだろうか。

3-1　ニューヨーク市の都市公園基金

　セントラルパークやブライアントパーク等の成功事例を踏まえ、市内の身近な公園の活用を公民連携で進める必要性が高まるなか、ニューヨーク市では市民が公園に関わる機会をより創出するためのイベント等の活動とその経済的なサポートを募るためのNPO組織が設立された。

　1989年に設立された都市公園基金（City Parks Foundation）は、公園でスポーツや音楽、ダンス、演劇といったアート・教育的なイベント・プログラムの企画を行うことを主たる活動としている。たとえば、夏季に開催され多くの観客を集めるサマーフェスティバルは、公園内にいる人は誰でもその音色を楽しむことができ、公園に人を引きつけるきっかけともなっている（写真6）。イベントは無料で開催するものと有料で開催するものが企画され、公園の活用を進めると同時に都市公園基金の財源を確保する手段にもなっている。また、都市公園基金では、市民に向けてスポーツや教育に関するイベントも多数企画している。

　こうしたイベントを通して、まずは市民が公園に訪れる機会を増やすことで公園への関心を高め、結果として公園の管理に関わる市民を増やすこと、つまり市民と公園との継続的な関係性の構築が最大の目的である。さらに、都市公園基金によるイベントのみならず、市民による活動を経済的にサポー

写真6　都市公園基金がセントラルパークで開催しているサマーフェスティバル

トする取り組みも実施しており、350を超える公園やレクリエーションセンターに対して年間平均約1.6千万ドル（約17億円）を助成している。

　当初、こうしたイベントの企画・運営には、都市公園基金がノウハウや人材を提供していた。しかし、イベント企画の要請数が増加し、ビーチなどその開催場所も多様化し（ニューヨーク市の公園課が管轄する施設は、1700以上の公園のほかにビーチやプール等が含まれている）、市民団体が中心となって、近隣の公園や公共空間を活用したイベントを開催する機会も増えていった。

3-2　パートナーシップ・フォー・パークス

　そうした状況に対応するため、1995年、都市公園基金はニューヨーク市と共同で「パートナーシップ・フォー・パークス（Partnerships for Parks：PfP）」という組織を設立し、市民団体等がニューヨーク市と共同で公園を

写真7　パートナーシップ・フォー・パークスによる市民ワークショップ
（出典：パートナーシップ・フォー・パークスのホームページ）

マネジメントすることをサポートする体制を構築する。そのしくみは次のようなものである。

　PfP に所属する 40 名程度のスタッフは、ニューヨーク市内のコミュニティーボードと呼ばれる地区単位を基本に、複数の地区からなるブロックの担当となる。担当ブロック内の複数の公園の活用・マネジメントについて、市の公園課と市民の間に立って調整することが主たる業務である。公園によって市民と行政の連携の進捗状況が異なるため、それぞれの状況に合わせて支援していくことが求められる。

　たとえば、市民による公園活用の活動はまだ起きてはいないが、そうした取り組みが始まりそうな動きのある公園に出向いては、イベントの企画を手助けしながら、そのコミュニティのネットワークを構築し、キーパーソンとなりそうな市民と一緒になって初動期のコアグループを形成したりする。また、市民による活動が軌道に乗ってきた公園については、植栽管理等に必要な道具の貸し出しや公園利用の許可手続き、さらなる公園の活用に向けた提案等、市民の活動を円滑に進める支援を行う（写真7）。

　つまり、担当地区内の公園を市民が活用するために必要なサポートを段階的に提供するとともに、活動の中心を担うコミュニティの形成を促しなが

ら、行政とのパートナーシップ構築への道筋をつける取り組みを進めている
のである。

市の公園課でボランティア関連の業務を担当していた5〜6名のスタッフからスタートしたというPfPだが、規模の拡大とともに造園・都市計画・コミュニティ関連の業務経験のあるスタッフも着実に増やしてきた[*7]。これまでの取り組みを振り返って、PfPのディレクターであるサビーナ・サラゴッシ氏は次のように話してくれた。

「PfPの果たしてきた役割は、行政内での公園のマネジメントに対する従来の考え方に変化を起こすこと、市民の声を行政に伝えること、市民との間に社会関係資本を形成しネットワーク化すること、といえる」。

このように、都市公園基金とパートナーシップ・フォー・パークスは、行政と市民との間に立つ中間支援組織として、それぞれに役割を分担しながら、公園のマネジメントにおける行政と市民の連携を促進してきたのである。

3-3 ニューヨーク市の公園再整備基本計画

こうしてニューヨーク市の公園の再整備は、この40年間で都心に位置するランドマーク的な公園から地域の小規模な公園にまで広がるようになった。

都市部の象徴的な公園は注目や寄付を集めやすく、取り組みも進めやすい。その成果を実感した市民の視線が、身近な公園へと注がれ始めている。ただ、身近な公園は数が多く、どの公園から再生を始めるのかといった優先順位の問題や、その財源をどのように確保するのかといった課題にも直面する。財政的なサポートや技術的なサポートを行う中間支援組織としての都市公園基金やパートナーシップ・フォー・パークスの設立は、行政主導の第二フェーズへと移行するステップであった。

ニューヨーク市が地域の小規模公園の再整備を進めた背景には、市長の交代も大きく影響している。2013年までのブルームバーグ前市長時代には、

ハイラインなどの都心部の公共空間の整備・再整備が大きく前進した。そこでは、都市開発と連動する形で公園を整備・再整備するのみならず、さらなる都市開発を誘発し都市の活性化を牽引する事例も見られる（次章で後述）。こうした都市開発が進む一方で、開発によって土地の価値が高まったことで低所得者が住み慣れた場所を離れることを余儀なくされ、富裕層がそこに流入する「ジェントリフィケーション」と呼ばれる現象が起こった。また、行政の予算削減で荒廃した、身近な公園に対する政策の不在についても市民の不満は募っていった。

　そんななか市長の座に就いた現在のデブラシオ市長は、より小規模な公園に着目した政策を着任時から展開している。着任後に発表した「ニューヨークの公園：公平な将来のための構想（NYC Parks：Framework for an Equitable Future)」[*8] では、より包摂的で革新的な公園システムの構築（inclusive and innovative park system）を目指すことが示されており、その方法として、①投資、②公園のプログラムと維持管理、③パートナーシップの三つが挙げられている。

　①投資については、市が管理している総面積2万9000エーカー（約1.2万ha）に及ぶ公園の中から再整備する対象を選定するための優先順位について明らかにしている。まずは、各公園について再整備などでこれまでに行政が支出してきた金額を算定し、この20年間で25万ドル（約2750万円）以下の公園を対象にするとしている（図6）。さらに、対象となった公園について、アクセスのしやすさ、幅広い年齢層の利用者に多様なレクリエーションの機会を提供できるかどうか等を検証する。こうして絞られた100を超える公園について現場検証を行い、より投資の必要性の高い公園を選定していく。

　同時並行して、公園のある地域コミュニティの現状についても「貧困率」「人口密度」「人口増加率」といった項目から検証している。これらの指標が高いほど、公園利用のニーズは高いとしている。こうして先の公園ストックとしての価値と地域コミュニティの現状から、最終的に35の公園を選定した（図7）。

凡例:
- ○ 25万ドル以下
- ● 25〜200万ドル
- ● 200〜1000万ドル
- ◎ 1000万ドル以上
- ▦ 全公園

N

0　　　5km

図6　再整備の対象となる公園を選出するための先行支出額の現状図
（出典：New York City Department of Parks & Recreation（2014）NYC Parks: Framework for an Equitable Future に筆者加筆）

　②公園のプログラムと維持管理については、前述した PfP の取り組みに
代表される、アート、スポーツ、教育などに関わるプログラムを活性化さ
せ、公園の活用を進めることを指している。先の「投資」によって再整備す
る公園とは別に、重点的にプログラムを展開する公園が選出された。PfP の
ディレクターのサラゴッシ氏も、市長が就任してすぐに発表したこの構想の
もとに近年の活動を行っていると話していた。

凡例:
- ● 再整備プロジェクト
- ✛ プログラム提供
- ◆ 選抜改良プロジェクト
- ○ 現在実施中の再整備事業
- ▨ コミュニティパーク戦略ゾーン
- ▮ 全公園

N

0 ─ 5km

図7　再整備実施対象公園の位置図
（出典：New York City Department of Parks & Recreation（2014）NYC Parks: Framework for an Equitable Future に筆者加筆）

　③パートナーシップに関しては、活用が進み持続可能な運営が行われている公園では、多様なステークホルダーと行政がパートナーシップを組んでいる場合が大半を占めていることが確認され、この点においても PfP の取り組みが重要であるとしている。イベントのプログラムのみならず、平時の維持管理についても、パートナーシップの構築によって市民が関わる機会を増やしていくことが期待されているのである。

3-4　他の都市の動き

　ここまでアメリカの都市の中でも公園数の多いニューヨーク市の取り組み

を中心に見てきたが、近年は他の都市においても身近な小規模公園における公民連携の取り組みが増えている。

　たとえば、ミネアポリス市では「ギャップを埋める：近隣公園の公的および私的資金調達戦略（Closing the Gap）」*9 という報告書を 2015 年に作成している。タイトルからも、代表的な公園と身近な近隣公園における公民連携の状況の隔たりが大きいことが見てとれる。報告書の冒頭には、ミネアポリス市の近隣公園の再整備に必要な予算が毎年 930 万ドル（約 10 億円）カットされており、この 15 年間に再整備の必要のある公園が未整備のまま放置されてきた現状が指摘されている。また、維持管理に必要な費用も、最低でも毎年 300 万ドル（約 3.3 億円）カットされていたことが報告されている。身近な公園の再整備と維持管理に要する費用を、公民連携によって調達することは待ったなしであることが、冒頭から提示されているのである。

　さらに報告書では、身近な公園における公民連携を進めるための参考事例としてアメリカ国内 10 都市での取り組みを取り上げ*10、①特別税による資金調達、②民間資金からの財源の確保、③収益を上げるための事業の展開の三つの項目に分類している。この三つの分類のうち特別税の導入は全市で実施されている試みで、その投入先は各市内のすべての公園を対象としている。対して、民間資金や事業収入については特定の公園が対象となる。

　たとえばシアトル市は、特別税を導入するために 2014 年に市域全体を「メトロポリタン・パーク・ディストリクト（Metropolitan Park District）」とした。これは、ディストリクト、つまり特別区となった市域の土地所有者に、公園のマネジメント・改良・新規取得に関わる費用を固定資産税に上乗せする形で新たに税金を課すしくみである。シアトル市が属するワシントン州では、州法によって「パーク・ディストリクト（公園特別区）」を設定することができ、シアトルのメトロポリタン・パーク・ディストリクトは州内で 15 番目の特別区である。

　このように多くのアメリカの都市では、ランドマークとなるような公園の公民連携のフェーズから、身近な公園の公民連携のフェーズへと進化していることがわかる。

4 郊外の大規模公園の公民連携

ここまで見てきた都市内の公園に対して、州立公園のような大規模な郊外型の公園における公民連携はどのような状況なのだろうか。

4-1 ニューヨーク州立公園の公民連携

ニューヨーク州立公園のうち最も古いものは125年の歴史を有し、その総数は178にものぼる。ナイアガラの滝に代表される自然公園から、先住民の歴史を伝える歴史公園まで、多種多様な公園は市民のみならず国内外の観光客も引きつけ、その経済効果は19億ドル（約2090億円）ともいわれ、2万人に及ぶ雇用を生みだしている。

そんななか、2010年の春、ニューヨーク州立公園の40％に当たる公園が閉鎖に追い込まれた。二つの大戦中にも閉鎖したことのない州立公園の前代未聞の出来事をきっかけに、ニューヨーク州立公園アライアンスとニューヨーク公園トレイル協会の二つの組織は、共同で複数の州立公園が閉鎖となった問題の究明に乗り出し、今後の取り組みを提案する報告書を作成した[11]。

ニューヨーク州立公園アライアンスは、2010年の州立公園の閉鎖を受け、その保全と活性化に向けて設立された組織である。他方、1985年に設立されたNPO組織であるニューヨーク公園トレイル協会は、この報告書を発表する以前の2006年時点で、すでにニューヨーク州立公園の老朽化について警告する報告書を作成していた[12]。特に自転車トレイルの視点からニューヨーク州の公園の活性化に取り組んできた協会では、公園内のビジターセンターの閉鎖や施設の劣化を目にすることが多くなったことから、独自に調査を始めていたのである。その報告書では、更新期を迎えている州立公園が多い反面、州の公園に関する予算は10年以上にわたってほぼ同額で推移しており、今後の財源の確保の手法を検討する必要性が指摘されていた。

そして2010年、改めて二つの組織が共同で報告書を作成した。州の公園

関連の予算は 2008 年からの 3 年間で 3500 万ドル（約 38 億円）カットされており、そのあおりで 1400 名以上の職員が解雇されていた。2008 年のリーマンショックは、公園行政にも大きな影響を与えていたことがわかる。加えて、予算縮小によって、各公園で提供されるプログラムやイベントなどのサービスも低下していた。

こうした状況に対して、これまでにも進めてきた公園内の施設の運営権を民間に付与するコンセッションをさらに進めていく必要があると、報告書では提案されている。実際、駐車場、ゴルフコース、ボートハウスなどの施設の運営やレストランなどの飲食設備の運営の権利を民間に付与することで、1994 年に 3500 万ドル（約 38 億円）だった収益は 2010 年に 9000 万ドル（約 99 億円）にまで伸びていた。こうした事業をさらに拡大し、財源の確保に努めたうえで、経費の削減を進めることが報告書で提案されている。

4-2　カリフォルニア州立公園の公民連携

州立公園といった大規模公園において公園内の施設の活用を公民連携で行うコンセッションは、1980 年代のレーガン政権で促進され、それ以降多くの州で展開されてきたが、公園全体のマネジメントを公民連携で取り組む州は少ないのが現状である。

これに対して、カリフォルニア州は、2012 年に五つの州立公園の公園全体のマネジメントを民間事業者に委ねる決断を下した[13]。有料公園のマネジメントを担う民間事業者は、公園の日々の維持管理と小規模な修繕や日常的な修理を行い、公園内の施設についても良好な状態を維持しなければならない。また、公園とその施設の利用料を州に支払う必要があるため、事業者には収益を上げる努力も求められる。そうした事業者が立案する公園の運営計画を州が承認することで公益性が担保されるしくみになっている。

かつて 2000 年代前半、カリフォルニア州立公園に関する年間予算は 3.3 億ドル（約 363 億円）で、全米で群を抜いてトップであった[14]。続く 2 位は 1.6 億ドル（約 176 億円）のニューヨーク州で、州立公園に 1 億ドル以上

の年間予算をかけられるのはこの二つの州だけだった。年間の来園者数についても、カリフォルニア州の 8500 万人が首位、2 位はオハイオ州の 5700 万人、3 位がニューヨーク州の 5500 万人だった。来園者数から見ても、カリフォルニア州立公園は全米で最大規模の公園だったのである。

しかし 2010 年、カリフォルニア州立公園にもニューヨーク州と同様の事態が起こる。279 の公園のうち 150 の公園で、部分的な閉鎖やサービスの中止が実施された。ニューヨーク州と同様、行政予算の削減がその主たる理由であり、続く 2011 年には 70 の州立公園の閉鎖が予告された。

こうした事態に対応すべく、カリフォルニア州の公園課は、他の市や NPO、民間事業者等との連携を模索し、69 の州立公園について何らかの対応策を見出し、閉鎖の事態は回避した。その回避策の一つが、冒頭に紹介した五つの州立公園におけるマネジメントの民間事業者への委託であった。このほかにも、民間事業者からの寄付を受けて州行政が管理を行う公園が 20、州と地元自治体が協定を結び地元自治体に管理を委譲する公園が 11 あり、公園ごとに対応は異なっている。

ここで紹介したカリフォルニア州以外にも、アリゾナ州、ユタ州、ニュージャージー州で州立公園のマネジメントをすでに民間事業者に委ねたり、委託を検討している状況が確認できる。

こうした動きの始まりが、2008 年のリーマンショックを契機とした行政予算の削減を引き金にした州立公園の閉鎖にあったという事実は、本章の冒頭で紹介したベトナム戦争などに端を発するアメリカ経済の低迷期に起こった、行政予算の削減によってニューヨークのセントラルパークやブライアントパークが荒廃した経緯を思い起こさせる。こうした歴史からも、公民連携による公園のマネジメントのしくみが、社会の経済状況によって行政予算が変動する状況に連動することなく、安定的に公共サービスを提供する解決策として生み出されたものであることが理解できるだろう。

---

*1 Trust for Public Land（2015）Public Spaces / Private Money
*2 エド・ジャノフ氏（マディソンスクエアパーク・コンサーバンシーのディレクター）へのインタビュー

（2016 年 8 月 31 日）。

* 3　Project for Public Spaces（2000）Public Parks, Private Partnership

*4　Friends of Hudson River Park（2008）The Impact of Hudson River Park on Property Values

*5　サラ・ミラー氏（セントラルパーク・コンサーバンシーのディレクター）へのインタビュー（2011 年 9 月 17 日）。

*6　Union Square Partnership（2018）Financial Statements and Auditors' Report

*7　サビーナ・サラゴッシ氏（パートナーシップ・フォー・パークスのディレクター）へのインタビュー（2019 年 6 月 3 日）。

*8　New York City Department of Parks & Recreation（2014）NYC Parks: Framework for an Equitable Future

*9　Minneapolis Park & Recreation Board（2015）Closing the Gap: Public and Private Funding Strategies for Neighborhood Parks

*10　報告書で取り上げられている 10 都市は、コロラド州ボーダー市、イリノイ州シカゴ市、コロラド州デンバー市、インディアナ州インディアナ市、ミネソタ州ミネアポリス市、ニューヨーク州ニューヨーク市、ペンシルバニア州フィラデルフィア市、オレゴン州ポートランド市、カリフォルニア州サンフランシスコ市、ワシントン州シアトル市。

*11　Parks & Trails New York and Alliance for New York State Parks（2010）Protect Their Future: New York's State Parks in Crisis

*12　Parks & Trails New York（2006）Parks at a Turning Point: Restoring and enhancing New York's state park system

*13　Reason Foundation and The Buckeye Institute（2013）Parks 2.0: Operating State parks through public private partnerships

*14　Parks & Trails New York（2006）Parks at a Turning Point: Restoring and enhancing New York's state park system

5章

アメリカの都市開発による 公共空間の整備

　前章では、これまで行政が整備し管理してきた既存の公園を、民間組織が再整備しマネジメントする実態について紹介した。続く本章では、近年進む都市開発において、公民連携によって公共空間を新たに整備しマネジメントする手法について紹介する。

　特にアメリカでは、都市開発の容積率の緩和に伴う公開空地の設置が半世紀以上にわたって展開されてきた。さらに近年では、容積率移転の手法の利用や、大規模都市開発に伴い整備された良好なオープンスペースがエリアの価値を高めることも話題になっている。

1 ニューヨークの容積率移転

ニューヨークのハイライン（6章2節参照）は、使われなくなった鉄道高架橋を保全する形で公園を整備しているが、その際に鉄道用地の未利用の容積率を周辺都市開発に転用する「トランスファー・ディベロップメント権（Transferable Development Rights：TDR）」、つまり容積率移転が利用されている。

1-1 歴史的な建造物の保全と容積率移転

TDR は、敷地の未利用分の容積率を他の敷地へ移転することを可能とする開発制度である。歴史的建造物やオープンスペースの保護を目的として制度化された。この制度を活用し、移転される容積率が売買することによって、移転元の歴史的建造物を保護する費用を捻出することが可能となる。日本における同様の制度としては、歴史的建造物である東京駅舎の未利用の容積率を丸の内の複数の敷地に移転させ、東京駅舎の復元保全の費用を捻出した特例容積率適用地区がある。

現在、TDR は全米の約20都市で運用されている[1]。ニューヨーク市が最も運用数が多く、その運用手法は主に「敷地合併（Zoning Lot Mergers）」「ランドマーク容積移転（Landmark Transfers）」「特別地区容積移転（Special Purpose District）」の3種となっている。

敷地合併とは、2件以上の隣接する敷地を1件と見なすことによって、未利用の敷地の割り増しが受けられるものである。

一方、ランドマーク容積移転は、保全すべき案件の両隣や向かいの敷地に対して未利用の容積率を移転できるものである。1964年に出されたニューヨーク市内のペンシルバニア駅の解体計画をきっかけに、歴史的建造物の保全活動を展開する「ランドマーク保全協会（Landmark Preservation Commission）」が1965年に設立され、ランドマークとなる歴史的建造物を保全

するために 1968 年に生みだされた手法である。これまでにランドマーク容積移転によって保全された歴史的建造物は 12 件（2015 年現在）にのぼる。

2000 年以降の TDR の運用実績を見ると、その 90%近くが敷地合併によるものとなっている。たとえば 2003 ～ 11 年の運用実績によると、421 件のうち 34 件が特別地区容積移転、2 件がランドマーク容積移転であり、残りの大多数が敷地合併の手法によるものである[*2]。

1-2　特別地区の TDR とハイライン整備

TDR の手法のうち、敷地合併とランドマーク移転は移転元と移転先が隣接または近接している場合に適用されるのに対して、第三の手法である特別地区容積移転は設定した地区内での移転が可能である。特別地区とは、特徴ある土地利用を実現することを目的に、ニューヨーク市内では 60 カ所以上が設定されている。そのなかには TDR を設定した地区もある（表1）。

たとえば、マンハッタンのミッドタウンにある劇場地区と呼ばれるエリアには劇場が集積していたが、1960 年代の業務ビル開発の波に押され、劇場群は存続の危機を迎えていた。ニューヨーク市は最初の特別地区として劇場

特別地区名		設定年	総数 [件]	総面積 [m²]
国連エリア		1970	0	0
サウスストリートシーポート		1972	6	93,326
シープヘッドベイ		1973	0	0
ミッドタウン （1982 年設立）	劇場小区域	1982	15	43,992
	グランドセントラル駅小区域	1992	5	45,338
西チェルシー		2005	25	37,530
ハドソンヤード		2005	2	52,640
マンハッタンヴィル		2007	0	0
コニーアイランド		2009	0	0
合計			54	

表 1　ニューヨーク市の特別地区における容積率移転数（2015 年 1 月現在）
（出典：Department of City Planning, New York City（2015）A Survey of Transferable DevelopmentRights: Mechanisms in New York City をもとに筆者作成）

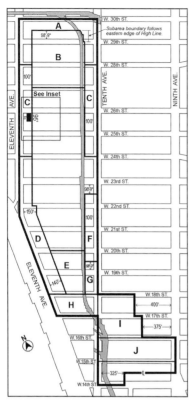

左：図1　西チェルシー特別地区
右：写真1　西チェルシー特別地区
（左図出典：ニューヨーク市のホームページに筆者加筆）

西チェルシー特別地区境界線
小区域境界線
ハイライン

特別地区を設定し保全を進めたが、うまく機能しなかった。その後、ミッドタウン特別地区を広域に設定し、劇場を保全しながら継続的な活用を可能とするために劇場小区域を設けた。低層建築である劇場には、地区内の他の敷地に未利用の容積率を移転することが可能である代わりに、劇場の用途を継続することや、基金を設立し小区域内の劇場の保全活動等をサポートすることが求められている。この取り組みはさらに改善され、劇場小区域において2000年以降2015年1月までに15件、総面積で47万平方フィート（約4.4万m²）の容積移転が行われた。

　ニューヨーク市内の特別地区における容積率移転事例の一覧を示した表1

容積移転元	容積移転先	移転サイズ [m²]	施行日
509 W. 20th St	516-522 W. 19th St	1,275	2006 年 7 月 20 日
511-517 W. 23rd St	100 11th Ave	3,207	2006 年 2 月 2 日
509 W. 24th St	245 10th Ave	1,465	2007 年 2 月 23 日
511 W. 24th St, 509 W. 24th St	303-309 10th Ave	1,161	2007 年 11 月 7 日
512 W. 23rd St	316 11th Ave	5,573	2007 年 11 月 7 日
507 W. 26th St	316 11th Ave	1,112	2007 年 6 月 19 日
508 W. 25th St, 510-512 W. 25th St	524 W. 19th St	427	2007 年 7 月 3 日
511 W. 24th St, 508 W. 25th St, 510-512 W. 25th St	290 11th Ave	3,448	2007 年 7 月 3 日
509 W. 20th St	290 11th Ave	2,144	2008 年 12 月 24 日
511 W. 23rd St	290 11th Ave	1,394	2008 年 12 月 24 日
508 W. 29th St	537-545 W. 27th St	509	2008 年 12 月 24 日
512 W. 20th St	537-545 W. 27th St	238	2012 年 5 月 4 日
508 W. 25th St	509 W. 28th St	451	2012 年 5 月 4 日
507 W. 25th St	290 11th Ave	1,835	2009 年 11 月 6 日
511 W. 23rd St	290 11th Ave	572	2008 年 12 月 24 日
507 W. 25th St	290 11th Ave	917	2008 年 12 月 24 日
509-513 W. 29th St	539 W. 29th St, 518 W. 30th St, 526 W. 30th St, 530 W. 30th St	1,396	2011 年 10 月 21 日
509-513 W. 29th St	505-507 W. 29th St, 331 10th St, 333 10th St, 337 10th St, 502-504 W. 30th St	6,564	2011 年 10 月 21 日
510-516 West 30th St	529-539 West 29th St	228	2012 年 6 月 29 日
508 West 20th St	524-526 West 29th St	734	2012 年 6 月 29 日
508 West 20th St	154 11th Ave	1,045	2013 年 2 月 14 日
507 West 25th St	551 West 21st St, 154 11th Ave	1,835	2013 年 2 月 6 日
501-511 West 19th St	507 West 19th St	342	2013 年 2 月 6 日
511 West 27th St	515 West 29th St	287	2013 年 7 月 2 日
509 West 27th St	515 West 29th St	1,275	2014 年 4 月 4 日
合計		37,531	

表 2　西チェルシー特別地区における容積移転（2015 年現在）
（出典：Department of City Planning, New York City（2015）A Survey of Transferable DevelopmentRights: Mechanisms in New York City
をもとに筆者作成）

によると、総数は2015年1月現在で54にのぼる。そのうちの半数近くが、ハイラインを含む西チェルシー特別地区で実施されている。

　西チェルシー特別地区は、東西は9番街と11番街、南北は14丁目と30丁目を境界線とするエリアとして2005年に設定された（図1、写真1）。これにより、エリア内を南北に走る鉄道高架橋がハイライン（6章2節参照）として公園に整備される代わりに、鉄道用地として未利用だった容積率がエリア内の他の敷地に移転することが可能となった。

　この特別地区の設定により、当初は鉄道高架橋を撤去しその用地を活用するとしていた鉄道会社もその保全に転じたといわれている。西チェルシー特別地区における25カ所の容積率の移転は市内最多で（表2）、このほかに2015年現在で進行中のものが10件あり、開発業者からは需要に対して供給が足りないという不平もあるという。この西チェルシー特別地区におけるTDRについて、ニューヨーク市の都市計画課は、ランドマークを保全しながらオープンスペースを整備するという斬新でユニークな取り組みとしている。

2　ボストンの空中権の活用

　「空中権（Air Rights）」は、鉄道や道路等のインフラの上空を利用する手法である。ここでは、ボストン市で地下化された高速道路の上空に設定されている空中権について紹介する（図2）。

2-1　空中権によって創出されたグリーンウェイ

　ボストンのグリーンウェイは、高速道路の高架橋を撤去・地下化して創出された空地につくられた公園である（p.11写真）。ボストンはアメリカ独立戦争の舞台にもなった歴史ある都市であり、その痕跡は沿岸部と中心部に点在している。しかしながら、高速道路の高架橋によって沿岸部と中心部が分

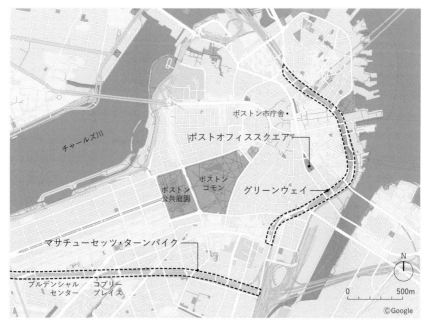

図2　空中権が活用されたグリーンウェイおよびマサチューセッツ・ターンパイク位置図

断されていたため、かねてから経済的・社会的な損失が課題となっていた（写真2）。そこで、高架橋の老朽化に対応する改修計画に対して、1980年代にその撤去と道路の地下化の計画、通称「ビックディグ（Big Dig）」プロジェクトが検討されるようになった。

　ボストン再開発公社が1991年に発表した「ボストン2000」には、高架橋の撤去と道路の地下化に伴い創出される27エーカー（約11万 m^2）の土地利用の基本方針が記されている[*3]。それによると、新たに創出される27エーカーの土地の75%を公園とし、残りの25%については今後協議するとされていた。この公園の一部がグリーンウェイである（図3、写真3）。

　グリーンウェイの完成後、ボストン市再開発局が提示したデザインガイドラインには、グリーンウェイ周辺の都市開発を適切に誘導する方向性が示されていた[*4]。そこでは、連続した空間を形成するために、グリーンウェイ沿

写真2　高速道路の高架橋によって分断されていたボストン中心部 （出典：Boston Magazine）

写真3　高速道路の高架橋を撤去・地下化して創出されたグリーンウェイ （©jenysarwar/iStock）

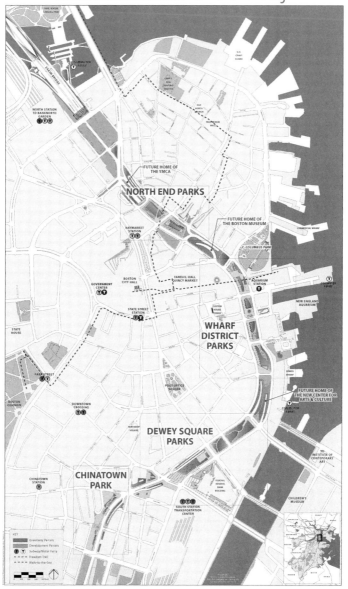

図3　グリーンウェイ略図（出典：グリーンウェイのホームページ）

いの敷地を七つの地区に分け、各地区で建て替えられる建築物のパターンが風や光、景観といった都市環境に与える影響がシミュレーションされている。

このデザインガイドラインは、公共工事によって創出されるグリーンウェイの効果を最大限に引き出すために、周辺で想定される開発計画についても適切に誘導することを、行政のアーバンデザインとして示したものだといえる。これは、ニューヨーク市のハイラインの周辺都市開発に対するセットバックや高さについての規制と、手法こそ異なるが主旨は同じである（6章2節参照）。つまり、公共空間の整備によって周辺の都市開発が誘発されるという効果に対して、その開発によって公共空間の価値が損なわれることがないように、そのデザインを誘導するしくみをガイドラインとして提示しているのである。

2-2　グリーンウェイのマネジメント

グリーンウェイの整備後のマネジメントについては、事業者であるマサチューセッツ州を中心に、地元自治体のボストン市や国立公園の関係者等の間で、事業計画中に議論が行われていた。市としては維持管理費に関する懸念から公園の移管については反対の意思を表明しており、代案として周辺事業者によりBIDを設立する案も浮上していた。グリーンウェイの整備後には、周辺の土地の価値が向上することは明らかだった。そこで、BIDならぬ「PID（Park Improvement District）」を設定し、地域活性化に寄与する公園管理も含む特別税を課す法案も議論されたが、州議会で否決され実現には至らなかった。

最終的には「グリーンウェイ・コンサーバンシー（Greenway Conservancy）」が設立され、事業者であるマサチューセッツ州有料道路公社、ボストン市、マサチューセッツ州との間でマネジメントに関する協定書が2004年に取り交わされた。

グリーンウェイ・コンサーバンシーは、当時すでにその取り組みが評価さ

れていたニューヨーク・セントラルパーク・コンサーバンシーをモデルに組成された。ただし、セントラルパークでは荒廃からの再生に向けてコンサーバンシーが設立されたのに対して、グリーンウェイでは新たに整備された公園が開園されると同時にコンサーバンシーが管理を行う点に違いがあった。

2-3　マサチューセッツ・ターンパイクへの波及

　他方で、高速道路の地下化によって創出されるグリーンウェイの計画は、1960年代に実施された「マサチューセッツ・ターンパイク（Massachusetts Turnpike）」（写真4）のボストン市内への延伸事業を市民に思い起こさせるものであった。マサチューセッツ・ターンパイクとは、マサチューセッツ州を東西に横断する州間高速道路である。すでに市街地化していたボストン市の中心部を貫通する形で計画されたが、両側6車線の道路は地上部分に穴が開いた状態で地下に整備されたため、都心部の街区が大きく分断されることとなった。ターンパイクによって郊外から都心部へのアクセスが確保された一方で、道路整備のために都心部の経済活動やコミュニティは分断され、街並みも一変してしまった。

　グリーンウェイを創出する「ボストン2000」が実行に移されるなか、長年の懸念事項であったこのターンパイクの課題についても議論されるようになる。そして、2000年に発表された「ボストン市ターンパイク空中権ビジョン」[*5]では、ターンパイクを修復し新たな空中権を生みだす計画案が発表された。

　計画案では、上空に向かって開放されたターンパイクを横断する橋などを境界として23区域に区分している（図4）。そのうえで、2〜3区域ごとに周辺市街地との関係性について土地利用・アーバンデザイン・コミュニティなどの観点から現状分析を行い、今後の方向性を提示している。そのなかには、三つの区域のうち一つをオープンスペースにすることで、その未利用の容積を他の二つの都市開発の容積に上乗せする案も見られる（図5）。

　なお、ターンパイクの整備の際に、地下道路の上空に人工地盤を設け、周辺の敷地と一体的に再開発したエリアが、現在のボストンの副都心となって

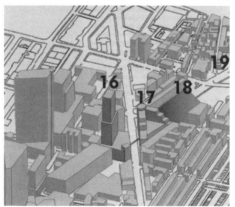

左：図4 「ボストン市ターンパイク空中権ビジョン」に示されたマサチューセッツ・ターンパイクの23区域の区分

右上：写真4 マサチューセッツ・ターンパイク

右下：図5 「ボストン市ターンパイク空中権ビジョン」に示された空中権の利用による都市開発の提案

（以上3点出典：Boston Redevelopment Agency（2000）A Civic Vision for Turnpike Air Rights in Boston）

いるコプリープレイスとプルデンシャルセンターである。この商業・業務・ホテルの複合都市開発は、歴史的な街区が残るボストン都心部に対して、鉄道駅やバスターミナルにも接続する都市機能の集積地となっている。近年、この複合都市開発の再生計画として増築の計画も浮上しており、空中権を利用した開発の再生という側面からも興味深い。

3 都市開発事業者による公共空間の整備

　近年では、大規模都市開発に伴う開発事業者によるオープンスペースの整備についても、アメリカの大都市では話題になることが多い。人口集中が続くニューヨーク市では、住宅の建設が活発に行われており、リバーサイドやパークサイド沿いでは良好な眺望を特徴とする高層住宅の建設が進んでいる。

3-1　リバーサイドパーク・サウス

　マンハッタンの西側を流れるハドソン川沿いの59丁目から72丁目に位置する「リバーサイドパーク・サウス」は、開発事業者によって整備された（写真5）。ハドソン川沿いに建ち並ぶ複数の高層住宅は、対岸のニュージャージー州を望む超高級住宅になっているが、その開発に伴い整備されたのがこのリバーサイドパーク・サウスである。

　もともとハドソン川沿いの72丁目から北側では、125丁目を北端として「リバーサイドパーク」が整備されていた。これまで100年以上の月日をかけて築かれてきた川沿いの公園には、テニスコートや野球場等のスポーツ施設も整備され、市民の憩いとスポーツの場として長く親しまれてきた。1980年にはニューヨークのランドマーク保全協会からランドマークに認定された公園でもある。

　公園の南端には、かつてハドソン川沿いの埠頭に荷下ろしされた物資を内

上：写真5　ハドソン川沿いに整備されたリバーサイドパーク・サウス

下：写真6　リバーサイドパーク・サウス整備前の操車場跡地

（下写真出典：U.S. National Archives and Re-cords Administration 8452212）

陸部に運び込む役目を担っていたペンセントラル鉄道の操車場が、1920年代の最盛期を経て、70年代の鉄道会社の倒産とともに利用されなくなり残されていた（写真6）。

　ハドソン川沿いのリバーサイドブルーバードに面して連続する複数の街区を1984年に取得したドナルド・トランプ率いるトランプ・オーガナイゼー

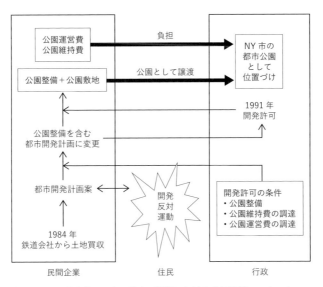

図6 リバーサイドパーク・サウス整備における公民連携のスキーム

ションは、当時の世界一の高さとなる高層建築を含む都市開発を発表する。しかし、地元住民はこれに強く反対した。その反対運動に応じる形でトランプは、高層建築の高さを低くすることに加え、21.5 エーカー（約8.7ha）のウォーターフロントパークを整備する代案を作成し、1991年にニューヨーク市の開発認可を得る。ウォーターフロントパークの整備とその後の維持管理やマネジメントの費用は開発事業者が責任をもつが、ニューヨーク市の公園として位置づけ、土地は市に譲渡することが条件として掲げられた（図6）。

　公園設計を担当するトーマス・バースリー設計事務所は、かつてここで繰り広げられていた港湾産業の遺産ともいえるエンジン倉庫や埠頭の残骸等を残すプランを提案した。川沿いの遊歩道はもちろんのこと、コミュニティガーデン、さらにはバスケットボールやハンドボールのコート、サッカー場等のスポーツ施設も計画された。第1期工事が2001年、第2期工事が2008年と続き、2019年に完成している。

　ハドソン川沿いという立地を活かした公園には、蛇行する遊歩道沿いにさ

写真7　リバーサイドパー
ク・サウスでのイベント
（出典：リバーサイドパークのホーム
ページ）

まざまなランドスケープデザインの工夫が施されており、飽きることなく歩
き続けることができる。川沿いの直線的な歩道には1人でも複数でも利用で
きるデザインのベンチが配されており（写真5）、気分に合わせて座る場所
を選べる。また、内陸側には曲線の歩道が芝生と植栽の間にデザインされ、
川風に当たることなく散歩することもできる。さらに内陸側では、自転車専
用道を設けることで歩行者と自転車が完全に分離されており、子供が安全に
遊べる公園が整備されている。自転車専用道の上空には高架橋の高速道路が
走っているが、高木の植栽によって視線が遮られているうえに川波や風の音
を近くに感じられることで騒音はさほど気にならない。

　公園では、定期的に行われるヨガ等の教室に加え、週末にはダンスや音楽
の無料イベントも多数企画されている（写真7）。

3-2　ブルックリンブリッジパーク

　リバーサイドパーク・サウスと同様に、ブルックリンのイースト川沿いで
も住宅開発に伴う公園としてブルックリンブリッジパークが整備された（写
真8、p.7写真）。

　マンハッタンに面した川沿いの土地は、かつて複数の埠頭が整備され、港

写真 8　イースト川沿いに整備されたブルックリンブリッジパーク

湾倉庫等が集積する場所であった。しかし、ニューヨーク州とニュージャージー州の港湾局は、1984年にブルックリンでの大型貨物船の運行を中止し、港湾機能を廃止する。港湾局ではその跡地を売却して商業機能を誘致することを計画していたが、周辺のブルックリンハイツ地区の住民がそれに反対し、公園の建設を求めた。当時、ブルックリンブリッジのたもとには州立公園のエンパイアフルトンフェリーパークがすでに整備されていたが、その南側のウォーターフロントの敷地については計画がなかったのである。

その後数年間にわたり停滞していた状況を一転させたのが、ニューヨーク市の都市計画課が1992年に発表したウォーターフロント計画である[*6]。ニューヨーク市はハドソン川とイースト川に囲まれており、川に面するウォーターフロントの長さは世界の都市のなかでも群を抜いて長い。このウォーターフロントを市民の貴重なレクリエーションの場として積極的に整備することや、倉庫や工場といったかつての土地利用から住宅を中心としたミクストユースの土地利用に転換することが計画に示されていた。マンハッタンを一望できるこの土地についても、市民がアクセスできるオープンスペースを盛り込んだミクストユースの土地利用への転換が提案された。

すでにブルックリンでは、エンパイアフルトンフェリーパークを含むダンボ地区（D.U.M.B.O.、Down Under the Manhattan Bridge Overpass の頭文字をとってつけられた愛称）のゾーニング改正により、倉庫の建ち並ぶエリアを住宅や商業等の複合用途に転換していく取り組みが進められていた。過密化するマンハッタンから地下鉄でアクセスしやすいダンボ地区は、テレビドラマの舞台にもなり、瞬く間にホットなエリアとなった。

もともとブルックリンのウォーターフロントは、対岸に林立するマンハッタンの摩天楼を見渡すことができる好立地である。それゆえ、開発事業者は、ニューヨーク市のウォーターフロントの計画や土地利用転換の提案に注目するとともに、住宅やホテル開発の機会をうかがっていた。

開発を進めるにあたり、ニューヨーク州とニューヨーク市は2002年に覚書を結び[*7]、「ブルックリンブリッジパーク開発組合（Brooklyn Bridge Park Development Corporation：BBPDC）」を立ち上げた。協定書には、

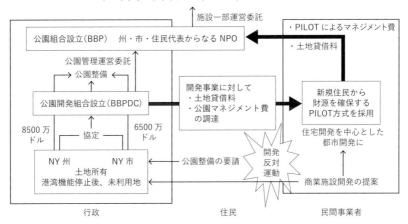

図 7　ブルックリンブリッジパーク整備における公民連携のスキーム

　公園の整備費として州が 8500 万ドル（約 93.5 億円）、市が 6500 万ドル（約 71.5 億円）の総額 1.5 億ドル（約 165 億円）を用意することと、毎年のマネジメント費は開発事業によって捻出することが記されている（図 7）。

　川沿いの敷地に点在する住宅を中心とする都市開発とともに、全長 1.3 マイル（約 2km）にわたる広さ 85 エーカー（約 34ha）の公園の設計から整備、その後の自立可能なマネジメントの計画が進められた（図 8）。具体的には、ピア 6 敷地に住宅 2 棟、ピア 1 敷地は複合ビルとして住宅と 200 室のホテルと飲食・物販店舗、ジョンストリートにはブルックリン子供美術館のアネックスのほか物販店舗と住宅が開発された。また、倉庫であったワン・ブルックリンブリッジパークは 440 戸の住宅に、エンパイアストアは飲食・物販店舗およびイベントスペースにリノベーションされた。

　開発にあたって、事業者は行政との 97 年間の土地賃貸の契約締結に基づいて土地の貸借料を支払うと同時に、公園のマネジメント費を継続的に捻出することが求められた。マネジメント費を調達するために、敷地内の新築住宅や倉庫をリノベーションした住宅を中心とした都市開発を行い、新規事業者や住民から財源を確保する PILOT 方式が採用された。PILOT とは「Pay-

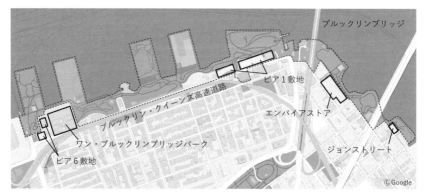

図8　ブルックリンブリッジパークの整備と都市開発

ment in lieu of taxes（税に代わる支払い）」の略称であり、不動産税を市の一般財源に入れずに公園等の公共施設の維持管理費に充てる方式である。BBPDC に入る土地貸借料と PILOT 方式による公園マネジメント費をもとに、州と市、周辺住民の代表から設立された「ブルックリンブリッジパーク組合（Brooklyn Bridge Park Corporation：BBP）」に実質的な公園のマネジメントが委託されることとなった。

　ニューヨーク市の開発許可が下りた 2005 年、いよいよ公園整備が始まった。公園の設計はマイケル・バン・ボルゲンバーグ設計事務所が担当し、2010 年から 2018 年にかけて順次整備されている。

　敷地の東側にはブルックリン・クイーンズ高速道路の 2 階建ての高架橋があるため、その交通音を低減することに加え、公園からの視界になるべく入らないよう景観的な配慮がなされている（写真 9）。具体的には、公園敷地内の東端の盛り土を土台にランドスケープがデザインされ、高速道路からの音と高速道路への視界が遮断されている。

　敷地の西側では、川沿いぎりぎりに遊歩道が設置され、かつての埠頭を利用して川に突き出すようにオープンスペースやスポーツ施設が配置されている（写真 10）。この配置計画からは、川沿いにアクティビティを集中させることでマンハッタンの摩天楼を楽しみながら人々が活動できる場をつくりだ

写真9　高架高速道路沿いにある公園では、交通音の低減と高速道路への視界が遮断されている

写真10　マンハッタンの高層ビルを背景にビーチバレーを楽しむ
（出典：マイケル・バン・ボルゲンバーグ設計事務所のホームページ）

そうという設計者の意図が感じられる。こうした絵になる風景を都市に創出していることも、この公園が人を引きつける要因であろう。

　公園のマネジメントについてはBBPが担っているが、開発計画当初に公園整備を求めた住民らによって形成された「ブルックリンブリッジパーク・コンサーバンシー（Brooklyn Bridge Park Conservancy）」がその活動をサポートしている。現在のコンサーバンシーの主要な活動の一つが、公園内に整備されたブルックリン子供博物館のアネックスと環境教育センターの運営である。開発組合から提供された住宅棟の1階部分が子供博物館になっており、市の環境保全課によって整備された環境教育センターとともに、その運営を委託されている。

　リバーサイドパーク・サウスもブルックリンブリッジパークもともに公共の公園ではあるが、前者では整備とマネジメントは開発事業者が負担しているのに対し、後者では市と州が設立した開発組合が整備とマネジメントを行いつつ、そのマネジメント費については新規開発に伴い入居した事業者や住民が負担することとなっている点に違いがある。このように、マンハッタンの西側と東側の双方で実施された川沿いの大規模な都市開発では、その開発に合わせてウォーターフロントの公共空間の整備が進められ、整備後のマネジメントについてはしくみに違いはあるものの、いずれも公民連携で進められていることがわかる。

4　公開空地の進化

　ゾーニング制を採用しているアメリカの大都市では、都心部のアメニティを高めるために、公開空地等のアメニティ整備を含む開発計画に対して、高さや容積率の割増しを認めるインセンティブ・ゾーニング制度が1960年代に導入されている。近年に入り、当時の建築物の多くが建て替え更新の時期を迎

えており、公開空地の再整備も始まっている。公開空地の数が最も多いニューヨーク市の最近の動きからは、都市開発によって創出される公開空地の量の確保から質の確保へと舵を切っていることが読みとれる。

4-1　ニューヨークの公開空地の変遷

　ニューヨーク市では、1961年のゾーニング改正に伴いインセンティブ・ゾーニング制度を導入した。公開空地については、人々が常時アクセスできることが原則とされ、「プラザ」と呼ばれる屋外空間と、街路やプラザにつながる「アーケード」と呼ばれる連続的な空間が当時目指された。ニューヨーク市内で実施された多くの都市開発で本制度が利用され、都市のアメニティを整備する手法としてサンフランシスコ市等にも普及した[*8]。また、日本の総合設計制度の導入にも影響を与えたといわれている。

　しかし、1960年代につくられた都市開発に伴う公開空地には、容積率の緩和のために形式的に設けられたものが散見された。北側の日の当たらない場所に設置されたものもあり、舗装のみの最低限の仕様が施されただけの空間も多く、一般に公開されてはいるものの、良好な都市環境を形成しているとはいいがたい状態であった。

　こうした状況に対して、公開空地の整備基準が全面的に見直され、1975年にゾーニング法が改正された。具体的には照明・植栽やアクセスランプをはじめとする都市のアメニティを向上させるための詳細な基準が設けられ、新たな公開空地として「アーバンプラザ」や「歩道状空地」等が導入された。さらに、中高層住宅の整備に伴う容積率緩和も認められるようになり、公開空地の種類は増えていった。

4-2　公開空地のマネジメントの実態

　1975年のゾーニング法の改正によって公開空地の整備基準は見直されたが、すでに整備された250以上の公開空地のマネジメントや利用方法につ

いてはなかなか改善が進まない状況が続いた。そうしたなか、1990年代に公開空地のマネジメントと利用状況に関する実態調査が行われる。ニューヨーク市の都市計画課とニューヨーク市芸術協会（Municipal Art Society：MAS）、ハーバード大学のジェラルド・ケイデン教授によって行われた調査は、「私有パブリックスペース（Privately Owned Public Space）」[*9] として2000年にまとめられた。320の開発計画により設置された503カ所の公開空地の状況を調査し、課題を分析したものである（公開空地は空間ごとに数えるため、開発計画と公開空地の数は一致していない）。

その後、この調査報告書のタイトルであった「Privately Owned Public Space」の頭文字をとって「POPS」と呼ばれるようになった公開空地について、いくつかの動きが始まる。

まず、都市計画課により公開空地のマネジメントシステムが構築された。各公開空地のマネジメント状況を調査し、データベース化することで、行政と民間の連携をより密にする役割を果たしている[*10]。

また、公開空地のマネジメント状況を市民目線で見守る活動も始まった。実態調査にあたったMASは120年以上の活動歴を有し、グランドセントラル駅を含む歴史的建造物の保全運動に代表される市民活動を展開してきた組織である。そのMASによって立ち上げられた「APOPS（Advocates for Privately Owned Public Space）」は、市民が身近な公開空地の課題をMASに報告できるシステムであり、市内に広く点在する公開空地を市民の力を借りながらモニタリングしている[*11]。

4-3 公開空地の再整備に向けたデザイン誘導

さらに、公開空地の実態調査の成果はデザインガイドラインの作成へと発展した。良好な公開空地の事例から、座れる場所数の多さ、心地よい植栽、わかりやすく開放的で快適なアクセスといった魅力的な公開空地を整備するための条件が明らかとなる一方で、悪い事例の検証を通して公開空地に関するデザインガイドラインの必要性が浮き彫りになってきた。

そこで、2007年の条例改正の中で、商業地域における公開空地として新たに「パブリックプラザ（Public Plaza）」を設立し、デザイン基準を設けた（表3）。都市アメニティとしての公開空地の存在の重要性に着目し、歩道に対して開放的でアクセスしやすく、安全で快適な空間が目指されており、具体的には歩道から一般に開放されていると誰にでもわかること、視界を遮るものがないこと、歩道と段差がないこと等の基準が定められている。さらには、歩道の近くに座れる場所を設けて人を呼び込み、個人からグループまで多様な利用に応じた空間構成とする工夫も求められている。2009年には、歩行者の動線の確保や公開空地を見通す視線の確保等に関する項目が改正された。

　新設されたデザイン基準によって再整備された公開空地が、再整備の前後でどれほど変わったのか、「3 ブライアントパーク」の事例を見てみよう。6章4節で詳述するブライアントパークと6番街を挟んで向かい合うビルの裏手に位置するこの公開空地は、かつては通り抜けに利用されることの多い目立たない空間であった。ブライアントパークの再生後に周辺の不動産の価値が向上し、ブライアントパークの近くに位置するこの公開空地についても再整備されることとなった[12]。

　再整備前後の写真を見比べると（写真11）、座れる場所の数が増えたという量的な充足だけでなく、人々が座りたいと思うような場所を創出する細かなデザインが施され、座る場所の質も向上されていることがわかる。植栽についても量が増えていることは一目瞭然であり、心地よい空間を生みだすための植栽の高さや種類についても工夫されている。

　ブライアントパークから1ブロックも離れていない距離にあるこの公開空地は、ブライアントパークとはまた違った落ち着いた雰囲気を提供しており、周辺の就業者や通行人等に頻繁に利用されている。1980年代にブライアントパークの再整備の取り組みが始まってから40年余り、公園という行政が所有する公共空間の改善が、公開空地という民間が所有する公共空間の質を向上させるまでに展開されてきたことを実感させる場所でもある。

条	項	タイトル	内容の概要
71 基本的項目	711	パブリックプラザ（PP）の定義	コーナー PP：二つ以上の外周道路に接道する角に位置する PP
			街区貫通 PP：平行する二つの外周道路の双方に面する PP
	712	敷地サイズ	最低限度 185m^2（2000FS）
	713	周辺の公園との関係性	既存の公開空地や都市公園から 53m 以上の距離
	714	敷地の方位	南向き（可能でない場合、東か西向き）
	715	主たる PP	公開空地全体の最低 75％の広さ
			外周道路から全体が見渡せる
			奥行きと横幅の最低限度 12m（40 Ft）
	716	従たる PP	公開空地全体の 25％を超えない
			奥行きと横幅の最低限度 4.5m（15 Ft）
	717	主と従の PPの関係性	主たる PP と従たる PP は隣接
			主たる PP から従たる PP を見渡せる
	718	舗装	滑らない、耐久性のある材料
72 アクセスと回遊性	721	歩道と公開空地の関係性	接道面の 50％には障害物を設置しない
			上記の残り 50％には高さ 60cm 以上の壁や障害物を設置しない
	722	公開空地のレベル高	接道面から 60cm以下のレベル高
	723	歩行者動線	2.4m幅の通路が最低限一つあり、すべての接道面につながる
			公開空地の奥行きの 80％まで続いている
			障害物を設置しない（ゴミ箱、公開空地標識を除く）
	725	階段	蹴上：最低 10cm、最高 15cm
			踏面：最低 4.3m
	726	許可される障害物	930m^2 以下の公開空地の 40％まで
			930m^2 以上の公開空地の 50％まで
			可動式の障害物（椅子,カフェ）は計画図によって確認する
			キャノピーは最大23m^2 まで
			設置禁止：駐車場入口、車道、駐車場、車両乗降場など
	727	アクセス時間	24 時間アクセス確保。認可を得たもののみ夜間閉鎖可能
	728	ユニバーサルデザイン	身体に障害がある者のアクセス確保
73	キオスクと屋外カフェ		許可制

表 3　パブリックプラザ基準のチェック項目（出典：ニューヨーク市都市計画課提供資料をもとに筆者作成）

条	項	タイトル	内容の概要
74 アメニティ	741	座る場所	1 人、グループともに利用可能な両タイプを用意
			快適に利用できる材質やデザイン
			多様な種類
			185 〜 465m^2 の公共空間においては 2 種類、465m^2 以上は 3 種類、930m^2 以上は 3 種類のうち一つは移動式
			上記のうち 50 ％は背もたれ付き椅子
			背もたれの角度は 10 〜 15 度
	742	植栽	最低 4 本の高木を計画すること、幹は 10cm 以上
			557m^2 以上の公共空間の場合、93m^2 につき 1 本追加
			異なる植栽タイプ（プランター、芝生等）を 1 以上追加
			十分な灌漑システムの計画
	743	照明	最低二つのフットライトを歩行者動線などに配置
			階段等の段差のある場所に配慮
			日没 1 時間前から日の出 1 時間後まで点灯
			370m^2 あたり最低 1200W の電源を用意
	744	ゴミ箱	135m^2 に一つのゴミ箱設置
			キオスクがある場合には一つ追加
			最低容積 94L、最低口径 30cm
			利用者の目につく利用しやすい場所に設置
	745	駐輪場	最低 2 台分の駐輪場の設置
			930m^2 以上の公開空地の場合、最低 4 台分を外周道路沿いに設置
	746	水飲み場	最低 1 カ所の水飲み場を設置
	748	その他のアメニティ	465 〜 930m^2 の公共空間には一つのアメニティを追加
			930m^2 以上の公共区間には三つのアメニティを追加
75 サイン	751	公開空地の標識	入口付近に設置
			開放時間を明記
	752	禁止サイン	一つのみ設置可能
			1m^2 以下の大きさ、自立式は不可
	753	標識	最大三つまで設置可能、ビル名や住所のみ表記可能
76		建築物との関係性	建築物の正面の少なくとも 50 ％は公開空地に面する
77		維持管理	公開空地の所有者のゴミや鳩、照明等の設備の管理の責任

写真11　3 ブライアントパークの公開空地の整備前（上）と整備後（下）（上写真提供：MdeAS 設計事務所）

*1 Department of City Planning, New York City (2015) A Survey of Transferable Development Rights: Mechanisms in New York City。TDR を運用している都市には、ロサンゼルス、サンフランシスコ、サンディエゴ、ニューオーリンズ、ナッシュビル、デンバー、ダラス、ミネアポリス、ピッツバーグ、ウエストパームビーチ等が挙げられる。

*2 Furman Center for Real Estate & Urban Policy (2013) Buying Sky: The Market for Transferable Development Rights in New York City

*3 Boston Redevelopment Agency (1991) Boston 2000: A Plan for the Central Artery Project Overview

*4 Boston Redevelopment Authority (2010) Greenway District Planning Study Use and Development Guidelines

*5 Boston Redevelopment Agency (2000) A Civic Vision for Turnpike Air Rights in Boston

*6 Department of City Planning, New York City (1992) Vision 2020: New York City Comprehensive Waterfront Plan

*7 State of New York and the City of New York (2002) Memorandum of Understanding by and between the State of New York and the City of New York regarding Brooklyn Bridge Park

*8 秋元福雄 (1997)『パートナーシップによるまちづくり』学芸出版社

*9 Jerold S. Kayden, The New York City Department of City Planning & The Municipal Art Society of New York (2000) Privately Owned Public Space, John Wiley & Sons

*10 パトリック・トゥー氏（ニューヨーク市都市計画課）へのインタビュー（2015 年 3 月 4 日）。

*11 Municipal Art Society のウェブサイト（https://apops.mas.org/）を参照。

*12 再整備計画を担当したダン・シャンノン氏（MdeAS 設計事務所）へのインタビュー（2017 年 9 月 18 日）。

6章

ニューヨークと
ボストンの事例

　本章では、アメリカ国内で公共空間を公民連携によって整備・再整備した事例として、ニューヨークの4事例とボストンの1事例を紹介する。

　1994年に就任したジュリアーニ元ニューヨーク市長は市内の治安改善を目標に掲げ、それまで上昇を続けていた犯罪件数を全国水準以下に引き下げたことで有名である。続くブルームバーグ前市長については、5章でも紹介した通り、都市環境の改善に向けて取り組みを進め、この20年間に実施された公共空間の整備・再整備の事例は数多い。そのなかから、市民主導のNPOが再整備や整備を手がけるセントラルパークとハイライン、BIDを活用しながら運営に関わるマディソンスクエアパークとブライアントパークについて取り上げる。

　一方、地方都市においても、シカゴのミレニアムパーク、フィラデルフィアの市役所前広場、サンフランシスコのユニオンスクエアなど、公共空間の整備・再整備が多数進められた。そのうち、1990年代の早い時期に公民連携によって公共空間が再整備されたボストンのポストオフィススクエアについて紹介する。

1. セントラルパーク

コンサーバンシーによる
再生のデザインとマネジメント

1 市民によるコンサーバンシーの設立

ニューヨークのセントラルパークは、都市形成が進む 19 世紀半ばに、市民の健康的な生活に寄与する場を提供することを目的として整備された。設計者のフレデリック・ロー・オルムステッドは、その後、アメリカの多くの都市公園を手がけ、アメリカのランドスケープの父ともいわれる。

アメリカでは、1970 年代に行政の財政悪化で適切な維持管理ができなくなった公園が増加し、全米の都市公園の祖ともいえるセントラルパークさえも行ってはいけない場所と化していた。1976 年 6 月には、「あなたの時間とお金でセントラルパークを助ける 32 の方法」と題された記事が雑誌『ニューヨーク』に掲載された[*1]。「セントラルパーク・コミュニティ・ファンド」という市民団体を結成していたエリザベス・ロジャースは、その記事の中で荒廃していたセントラルパークを再生するボランティア活動と寄付を募るために、32 の具体的な計画と費用をわかりやすく記している。

記事の掲載から 1 週間もしないうちに多くの手紙と小切手が届けられ、ロジャースの活動の輪が広がることになる。新たにエドワード・コッチがニューヨーク市長に就任すると、活動はさらに加速し、それまでに活動していた市民団体を統括する形で「ニューヨーク・セントラルパーク・コンサーバンシー（New York Central Park Conservancy：NYCPC）」が 1980 年 12 月に誕生した。

1981 年に発行された NYCPC の最初の活動報告書には、公園全体の再整備計画に加えて、インターンシップの受け入れによる植栽管理の立て直し、来園者へのガイドや音楽コンサート等のサービスの提供、警察との連携によるパークレンジャーの育成を通した公園の安全性の確保等の取り組みをすでに始めていること、また個人や組織の寄付による噴水や彫刻の修復が報告されている。

2 再整備による施設の拡充とデザインの工夫

NYCPC は活動開始から 5 年間で 10 以上の調査を行い、植生や空間的な課題、社会的な位置づけ等について現状を報告している。これをもとに、

写真1　セントラルパーク内のプレイグラウンドの整備前（上）と整備後（下）

（出典：ニューヨーク・セントラルパーク・コンサーバシーのホームページ）

　NYCPCはニューヨーク市との共同で、公園のマネジメントと再整備の全体像を示す「再生セントラルパーク：マネジメントと再整備計画」[*2] を1985年に作成した。この計画をもとに、NYCPCの職員は設立当初の3名から1995年には175名までに拡大し、1.1億ドル（約121億円）以上の寄付を得てセントラルパークの再整備やマネジメントを進める体制を整えた。

　これまでの再整備では、子供たちの遊具が設置されたプレイグラウンドの新設が9カ所と最も多い（写真1）。340haにも及ぶ広大な南北に細長い敷地の四方に住宅街が広がるセントラルパークでは、子供が遊べる場所の整備

写真2　外周の歩行者道
の舗装の整備前（上）と
整備後（下）
（出典：ニューヨーク・セントラル
パーク・コンサーバシーのホーム
ページ）

が求められており、寄付者に対してもプレイグラウンドに自らの名前を命名
できる権利が与えられるなど、インセンティブが働きやすかった。

　また、NYCPCでは、利用者を迎え入れる複数の入口を入りやすく改善す
ることや、公園の中に入ることなく公園の景観を楽しむことができるように
外周沿いの歩行者空間を歩きやすくすることも、優先的に取り組んだ（写真
2)。散歩やランニングの利用を促す点でも、街路樹が成長し、老朽化で凹凸
のできた舗装には多くの課題があった。歩道の改善については、車道側では
街路樹を保全する一方、公園側にはベンチを設置し、中央部分では安全な歩

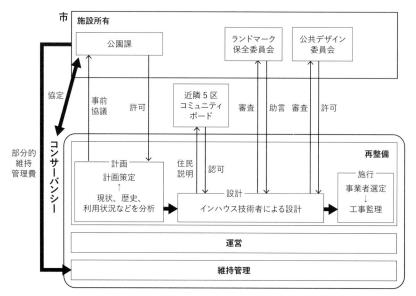

図1　セントラルパーク内施設の再整備プロセス

行を確保するように舗装することで、機能性はもちろんのこと都市景観とし
ての公園の魅力アップにもつながっている。

　さらに、セントラルパーク内の三つの樹林についても再整備が進められ
た。樹林の保全と利用者のアクセスを両立させた園路や、都心部で森林を散
策できる貴重な空間を、オルムステッドのオリジナルデザインを踏襲しなが
ら整備している。

　こうした再整備は、NYCPCが中心となって現状の課題を整理し、歴史的
な文脈や植栽等の生態系を考慮して計画を策定し、市の公園課との協議に
よって検討したうえで許可を受ける（図1）。その後、NYCPCの組織内に
所属する技術者によって作成された設計図をもとに、まずはセントラルパー
クに面する五つの近隣住区のコミュニティボードに対して説明を行い、投票
によって認可を得る。そのうえで、市の景観ランドマークにもなっているセ
ントラルパークに関する事業については、「ランドマーク保全委員会

（Landmarks Preservation Commission）」によるレビューを受ける必要があるが、その指摘は助言の位置づけとされている。最終的には、市の所有する施設の整備や再整備についてレビューを行う「公共デザイン委員会（Public Design Commission）」の審査によって許可されるしくみである。

3　市とコンサーバンシーの連携とマネジメント

こうした NYCPC によるセントラルパークでの活動を可能にしているのは、1998 年に締結されたニューヨーク市との管理協定である。その後、協定は 2006 年、2013 年と更新されているが、特に 2013 年においては 10 年間のパートナーシップ協定を結ぶまでに至っている。

セントラルパーク全体の管理責任はニューヨーク市にあり、再整備計画については市の許可を必要とし、規約等の作成や法による強制力を持っているのも市である。公園内のすべての計画は市の公園課とコンサーバンシーの事前協議を経て策定され、それを実行するための人材や財源の一部分をコンサーバンシーが担う体制は、1985 年の計画策定時から変わっていない。

市との管理協定によって、NYCPC では、公園の日常的な維持管理のみならず、先の再整備や、利用者が公園を楽しむためのプログラム等の運営も実施してきた。維持管理に関する具体的な内容は、植栽や芝生の維持、樹木や園芸種目の管理、遊具やトイレの清掃と修理、ベンチの修理、落書きの消去、園路清掃、彫像などの施設の日常的な維持管理と修繕などである。こうした維持管理を市に代わって NYCPC が行い、市は維持管理費として年間 800 万ドル（約 8.8 億円、2014 年度）を、また再整備については 170 万ドル（約 1.9 億円）程度を支払っている。同時に NYCPC は、こうした市からの収入を上回る寄付収益を得ている[*3]。

NYCPC の主要な財源は、コンサーバンシーのメンバーの会費、寄付、自主事業で賄われている。会費については 50 ～ 2500 ドル（約 5500 ～ 27.5 万円）の間に 6 コースが用意されており、さらに市内在住でない人を対象とした会費や家族会費等のバリエーションも設けられている。

コンサーバンシーの会員に対しては、会員限定のランチやディナー等の特

別プログラムをはじめとしてさまざまな特典が用意されている。と同時に、会員向けのイベントは、コンサーバンシーにとってさらなる寄付を呼びかける重要な機会ともなっている。さらに、樹木やベンチといった種目別やプロジェクトごとに寄付を募る取り組みも実施されており、大口のものから気軽に申し込める小口のものまで選択肢を数多く設定する工夫も見られる。

　また、利用者へのプログラムの提供にも積極的に取り組んでおり、公園ツアー、レンタルサイクル、インフォメーションセンターを兼ねたキオスクでのオリジナルの商品の販売等、利用者が快適に楽しく過ごせるための活動も展開している。

4　再整備の成果

　セントラルパークの利用者は 1 日平均 11.5 万人にのぼるが、その内訳を見ると、約 20％が海外から、13％がニューヨーク市以外のアメリカ国内からとなっており、全体の 3 分の 1 を市外からの来訪者が占めている。セントラルパークから徒歩圏内には 58 のホテルがあり、2013 年からの 3 年間でさらに 15 のホテルがオープンし、43 の美術館も点在しており、周辺に宿泊・文化施設が多数集積していることがその背景として挙げられる。住宅についても 2008 年以降に 15 棟が建設され、特に公園を眺望できる部屋はプレミアム物件として販売されている（写真 3）。

　NYCPC では、こうしたセントラルパークの再整備およびその後のNYCPC のマネジメント活動がもたらした周辺への経済波及について試算しており、公園周辺での活発な不動産売買により生じた所有権移転に関する税収は 2015 年時点で 6400 万ドル（約 70 億円）にのぼると推定している。

　2013 年には、NYCPC に対して、蓄積された公民連携による公園のマネジメントのノウハウをもとに、市内の五つの区の公園職員に対して造園技術と公園マネジメントに関わる業務のサポートや研修を行うことが市との協定に追加された。そこで、NYCPC 内に教育部門を担当する部署が新たに設立され、NYCPC が培ってきた都市公園の活用とマネジメントについての知識や技術をマネージャー、教育者、学生、利用者へと広める活動を行っている。

写真3 セントラルパーク周辺で進む都市開発

　こうした取り組みを展開してきたNYCPCは、アメリカの他都市で実施されているランドマーク的な公園のマネジメントに大きな影響を及ぼしている。そうしたアメリカ国内での横展開に加えて、今後は市内の身近な小規模公園等にノウハウを応用していく縦展開も期待されている。

*1　Elizabeth Barlow（1976）"32 Ways Your Time or Money Can Rescue Central Park", New York, June 14
*2　Central Park Conservancy and New York City Department of Park and Recreation（1985）A Management and Recreation Plan
*3　NYCPC（2015）The Central Park Effect

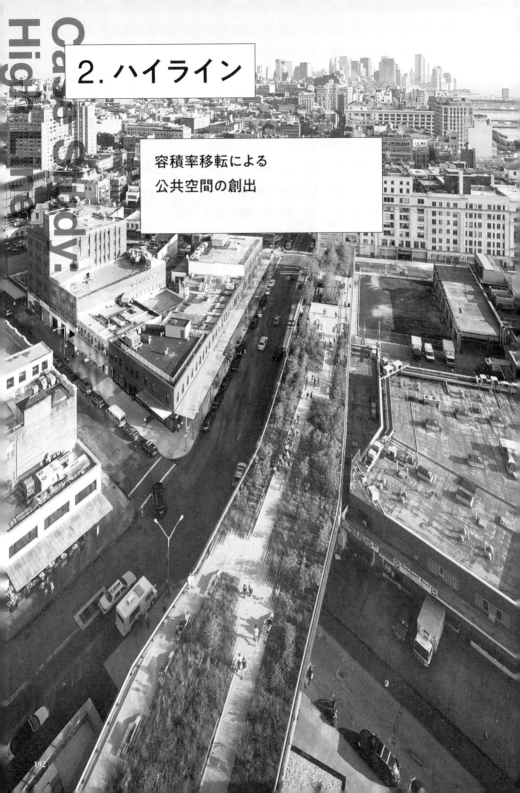

2. ハイライン

容積率移転による
公共空間の創出

1 高架橋の保全運動の高まりと公園整備の決定

　ハイラインは、ニューヨーク市マンハッタンの西端に位置する南北に細長い公園である。南端のガンセボート市場歴史的街並み保全地区と、北端のクリントン再開発地区の間の2.32kmを走行していた貨物輸送鉄道の高架橋の廃線跡を利用して整備された（図1）。

　かつては250もの食肉加工場が建ち並んでいたという現在のガンセボート市場歴史的町並み保全地区は、1940年代を境に衰退の一途を辿り、交通や産業の構造変化に伴って1980年代には人が近寄らないほどにまで荒廃していた。1990年代に景気が上向きになると、このエリアの真北のチェルシー地区にギャラリーが集まり始め、市場の雰囲気を残すこのエリアにもおしゃれな店が進出するようになった。さらに、その後のアメリカ国内の住宅バブルや都心回帰の流れに乗って住宅需要が高まったことで、イメージを一新したこのエリアの開発が一気に始まることとなる。

　当時まだ保全地区ではなかったガンセボート市場の歴史的な街並みを、開発から守ろうという運動の高まりとともに、高架橋についても保全か解体かの議論が繰り広げられた。この貨物専用の産業鉄道線は、かつて「ニューヨークの生命線」と呼ばれていたが、1980年に廃線となっていた（写真1）。

　歴史的街並みの保全運動が始まった当初、市はハイラインの解体を主張していたが、2002年のブルームバーグ市長の誕生とともにその流れは

写真1　整備前のハイライン（提供：ニューヨーク市都市計画課）

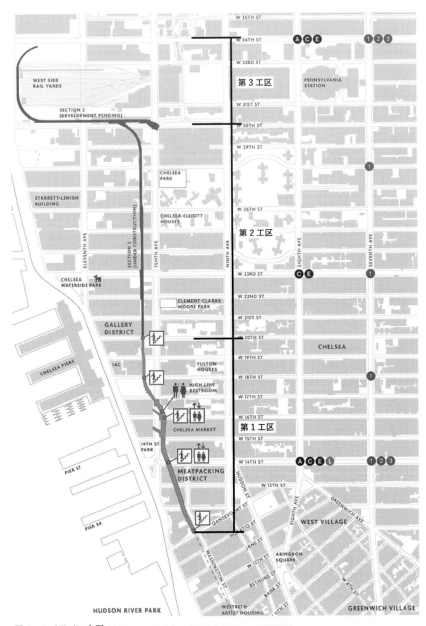

図1 ハイライン全図（出典：フレンズ・オブ・ハイラインのパンフレットに筆者加筆）

一転する。高架橋の所有者である鉄道会社の開発権を「トランスファー・ディベロップメント権」（5章参照）の設定（容積率移転）によって周辺の都市開発に転用することを可能とし、高架橋の保全と公園の整備を進めることが決定されたのである。

2　整備に向けたフレンズによる活動とデザイン上の工夫

　ハイラインの保全運動を牽引した中心的人物であるジョシュア・デービッドとロバート・ハモンドは、1999年にNPO「フレンズ・オブ・ハイライン（Friends of the High Line）」を立ち上げ、高架橋の活用に向けた活動を展開していた。整備による経済波及効果について市の税収が整備費を上回る試算などを報告書[1]にまとめ、ハイラインの整備に向けたプロモーション活動を積極的に行った。

　トランスファー・ディベロップメント権の設定等のゾーニングに関する改正が行われると、ハイラインの整備計画が本格的に始まり、フレンズと市が共同で設計者の選定や計画の策定に取り組んだ。

　設計者に選ばれたジェームス・コナー・フィールド・オペレーションズによるランドスケープデザインは、生態系に対して配慮しながらも洗練されており、都市の中の自然の回廊がうまく演出されていた。植栽については、できるだけ地元のものを利用するために半径160km圏内で育てられた植物を使い、生物多様性に配慮するとともに、都市環境への順応に伴う植物の廃棄量を可能な限り少量とするための工夫がなされている（p.9下写真）。同時に、管理のしやすさも重視されており、耐久性に優れたローメンテナンスの植生が選ばれている。

　利用者の歩行空間に関しては、舗装部分と植栽部分との境界を曖昧にした一体的なデザイン（写真2）や、錆びついた線路の一部を残したデザインなど、2km以上にわたる直線的な空間が単調にならないような配慮も見られる。また、幅に比較的余裕のある場所には、利用者が座れる空間が設けられ（p.9上写真）、さらにはイベントが開催できるスペースも10カ所ほど配置されている。後に、このイベントスペースがフレンズの重要な収入源をもたら

写真 2　植栽と舗装の境界が曖昧なデザイン（©Iwan Baan/Friends of the High Line）

すこととなる。

　整備にあたっては、南端から北に向かって第 1 から第 3 工区に分けられ（図 1）、2009 年、2011 年、2014 年に順次オープンしている。整備費については、ニューヨーク市はもとより、連邦政府やニューヨーク州に加え、フレンズも負担している。その内訳は、2016 年までにニューヨーク市が 1.23 億ドル（約 135 億円）、連邦政府が 0.2 億ドル（約 22 億円）、ニューヨーク州が 0.004 億ドル（約 0.44 億円）に対して、フレンズは 0.44 億ドル（約 48 億円）となっている[*2]。

3　フレンズによるマネジメント

　NPO 組織であるフレンズ・オブ・ハイラインは、主に寄付によって資金を集め、ハイラインの整備と維持管理、運営に充ててきた。日々の維持管理や運営については、市の公園課との協定によりフレンズの担当とされている

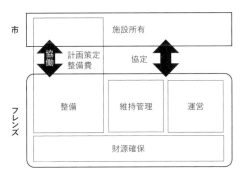

図2　ニューヨーク市とフレンズ・オブ・ハイラインの連携スキーム

が（図2）、その費用の大部分はフレンズが負担している。その大半は寄付や寄付をもとに創設した基金で賄われているが、ハイラインでのイベント利用料なども活用されている。

　週末には6万人もの人が訪れるというハイラインでは、イベント開催の問い合わせも多い。そうしたイベントに対応できるスペースとして、最大500名収容可能な場所が2カ所、200〜500名収容可能な場所が3カ所、100名前後収容可能な場所が4カ所整備されているほか、南端と北端の道路レベルのスペースでもイベントを開催することが可能となっている[*3]。それらのスペースでは、商品のプロモーションやファッションショー（写真3）、ディナーパーティーなどのさまざまなイベントが開催されている。

　ランドマークともなったハイラインに訪れる人のうち、80％がニューヨーク市外からの来訪者であり、海外からの観光客は全体の53％である。また、年代別の分布を見ると、25〜34歳が33％と最も多く、続いて35〜44歳が18％、45〜54歳が17％、55〜64歳が11％と、すべての年代がバランスよく訪れている。つまり、多様な年代を対象としたマーケティングを目的とするイベントを行いやすい。また、高架橋であることから横幅に制限はあるものの、歩行者専用空間であり車の心配はない。また、雨天でも利用できる空間等も積極的に整備されており、ガイドラインではその設備等の詳細も公開されている（図3）。

写真3　ファッションショーのエントランス部分（左）とショー会場（右）
（出典：フレンズ・オブ・ハイラインのイベント開催ガイドライン）

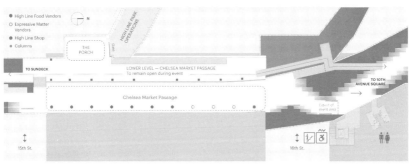

CHELSEA MARKET PASSAGE

Dimensions & capacity
- 5,575 sq. ft. (206' 6" × 27' 0")
- 19' 5" ceilings
- 550 standing / 365 seated
- 467 TPA
Final capacity determined by event layout

Location
On the High Line, between 15th
and 16th Sts., along 10th Ave.

Electrical
- (1) 200A, 3-phase panel on the west
  side of the passage
- (4) 120v quad outlets with 20A
  dedicated circuits on the east side of
  the passage
*Lights on the upper level of the passage
can be dimmed or turned off; lights on
lower level must remain on for the purpose
of public safety*

Highlights
- High Line's largest venue
- Most heavily trafficked area of the park

Park amenities
- Adjacent to 16th St. stairs
  and elevator
- Adjacent to public restrooms
- (7) High Line food vendors, from
  late April through late October
- High Line Shop merchandise carts,
  from late April through late October
- (3) Expressive matter vendors all
  year long
- On-site storage upon request

図3　写真3のイベント会場の紹介（出典：フレンズ・オブ・ハイラインのイベント開催ガイドライン）

4 周辺都市開発のデザインコントロール

　ハイラインは、高架橋につくられた公園という他の公園にはない立地と形状から、都市を眺めながらビルとビルの間を縫うように歩けるという独特の空間体験を提供している（p.8写真）。今では、都市を散策したい観光客、外の空気を吸いながら休憩したいオフィスワーカー、このエリアに公園を増やしたかった市の公園課、そして何より住民にとってかけがえのない公園となっている（写真4）。

　こうしたハイラインの公園としての成功は、周辺の都市開発の活性化にもつながっている。トランスファー・ディベロップメント権によってハイライン上空の容積率を周辺の敷地に上乗せすることが可能となったことも、活発な都市開発を後押しした（5章参照）。2012年の時点ですでに25件の都市開発が行われており、約2600戸の住宅、1000室のホテル、総面積3.9haに及ぶ事務所が供給されている[*4]。

写真4　市民や観光客で賑わうハイライン

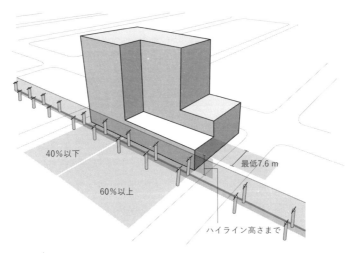

40%以下

60%以上

最低7.6 m

ハイライン高さまで

図4　ニューヨーク市によるハイライン周辺のセットバック規制
（出典：ニューヨーク市のホームページに筆者加筆）

写真5　セットバックしたハイライン周辺の建物

このように活発化した周辺の都市開発に対して、市の都市計画課は、ハイライン沿いの建築物のデザインコントロールにも取り組んでいる。ハイラインの公園としての環境を損なうことなく周辺の都市開発が進むように、ハイラインに接する建築物長さの60%以上の部分について最低7.6 mセットバックすることや、建築物の高さ制限がゾーニングごとに設定されている（図4、写真5）。

　幅の狭い線状のハイラインの両脇では、建築物の建て方によっては採光等の微気候への影響も大きく、公園課と都市計画課が連携する必要があった。セットバックや高さ制限を設けることによって植栽への影響を小さくすることや、公園を散策する利用者への圧迫感を軽減することなどが主たる目的になっている。

　公園の整備によって都市開発が活性化されたハイラインの裏側には、新たな建築物によって環境が悪化し、公園の価値が低下することを回避するための工夫があることも、学ぶべき重要な点の一つである。

＊1　Trust for Public Space with Friends of the High Line（2002）"Reclaiming the High Line"

＊2　New York City Economic Development Corporation（2016）"High Line, Past and Present"
　　　https://www.nycedc.com/project/high-line

＊3　Friends of the High Line（2020）"High Line Venues"

＊4　New York City Mayor's Office（2012）"Mayor Bloomberg, Speaker Quin And Friends of The High Lind Announce The City's Acquisition of The Third Section of The High Line from CSX", July 24

3. マディソンスクエアパーク

公園と周辺エリアの
マネジメントの連携

1 再生計画の立案と失敗

ニューヨーク市マンハッタンの目抜き通りの一つ、23丁目通りに面したマディソンスクエアパークは、20世紀初頭に建設された「フラットアイアンビル」と呼ばれる三角柱の形状がユニークな高層ビルと向き合う場所に位置する（写真1）。周辺には事務所や商業施設が集積し、近年は都心居住も進むエリアとなっている。

公園が開園された1847年は、ニューヨーク市の都市形成が進行し、都市公園の整備の必要性が認識され始めた時期にあたる。マンハッタンの南端から北上するように進められた都市の形成過程においては、スクエアやパークといったオープンスペースが10カ所余りつくられたが、マディソンスクエアパークはそのうちの一つであった。その後セントラルパークが1858年に整備され、1870年に市に公園課が設置されると、マディソンスクエアパークは改めて都市公園として再整備され、人々の憩いの場として利用されてきた。

しかしながら、1970年代の市の財政状況の悪化によって公園管理が行き届かなくなると、人々の足が遠のく場所となってしまう。ブライアントパークの再生に向けた活動が始まったのと同時期、マディソンスクエアパークにおいても、フォード財団の後ろ盾を得て公園の安全性・快適性とレクリエーション機能を高める再生計画が立案され、周辺の業務・商業関係者への協力が呼びかけられた[*1]。しかし、業務ビルが建ち並び、その不動産所有者を中心に活動が展開していったブライアントパーク周辺とは対照的に、商業と業務の機能が混在するマディソンスクエアパーク周辺ではその活動の継続は難しかった。

2 都市公園基金の支援で再整備

ニューヨーク市の都市公園基金（4章参照）が1997年に打ち出した「新たなるマディソンスクエアパーク」キャンペーンは、公園の活用を促すイベントで、周辺の住民がマネジメントに関わるきっかけづくりと、再整備事業に向けた寄付を募ることを目的として実施された。

写真1　フラットアイアンビル（写真中央）の向かいに位置するマディソンスクエアパーク（写真左下）
（©bartvdd/iStock）

上：写真2　園路に設置されたインスタレーションアート

下：写真3　屋台から常設店舗になったシェイクシャック

（下写真：©Andrea Astes/iStock）

都市公園基金がマディソンスクエアパークの再整備事業のために集めた950万ドル（約10.4億円）をもとに、500万ドル（約5.5億円）をかけて新たな入口や園路、街路灯、噴水、低木や花卉の植栽等の再整備が行われ、2001年にリニューアルオープンした。さらに、2002年には、残りの450万ドル（約4.9億円）をもとに基金が設立され、「マディソンスクエアパーク・コンサーバンシー（Madison Square Park Conservancy）」が結成される。市内ではすでにセントラルパーク・コンサーバンシーの活動が成果を上げており、マディソンスクエアパークにおいてもコンサーバンシーがマネジメントしていくことが意図されていた。

　再生された公園において、コンサーバンシーは早速インスタレーションアートのイベントを開催する（写真2）。このアートイベントで誕生したのが、ホットドックの屋台「シェイクシャック」だ。やがて評判となった屋台には長い行列ができるようになり、ついに公園内に恒常的に販売を行うキオスクを設置することになる（写真3）。市の公園課とコンサーバンシーによる協定によって、収益の一部を市に還元し公園のマネジメントに充てることなどを条件に実現した。今や世界中に支店を持つまでに成長したシェイクシャックも、当時はこの公園にしかなく、世界中からホットドックを食べにくる人々が訪れるほどにまで人気を集めた。

3　コンサーバンシーによるマネジメント

　マディソンスクエアパーク・コンサーバンシーでは、先のインスタレーションアートに代表されるような芸術活動を中心に各種の取り組みが行われている。期間限定で設置される現代アートは、この公園の場所性を捉えた作品が展示されており、都市における公園の可能性を引き出し、周辺の就業者や住民はもとより観光客にも通常とは異なる空間体験を提供している。

　また、植栽の管理にも力を入れており、季節を感じられる花卉植物や芝生の日々の維持管理はコンサーバンシーの重要なミッションの一つであり、専門の造園家が年間を通して植生を管理している。

　一方、公園内は豊かな植栽で満たされているため、集客に向いたオープン

な場所がない。そもそもの広さがブライアントパークの3分の2程度で、特定の時間に人を集めるようなイベントには向かない。そうした空間的な制約から、イベントの開催よりもアートや季節を感じられる植栽をもとにした活性化に力を入れているのである。

また、23丁目通りのメインの入口に設けられた「プラザ」と呼ばれる広場部分で行われるイベントについては、市とコンサーバンシー間の協定に基づいて市が許可認定を行い、コンサーバンシーが運営するしくみになっている。イベントによる収益はコンサーバンシーが受け取ることにはなっているが、その回数は限定されている[*2]。各公園の管理を担う組織の活動は、公園ごとにニューヨーク市との間で個別に協定が結ばれており、その内容が反映されていることがわかる。

4 コンサーバンシーと BID の連携

マディソンスクエアパークの南端を通る23丁目通りは、地下鉄の駅が複数あるミッドタウンの中心的なエリアの一つである。2006年、その23丁目通りを中心にBID組織「フラットアイアン／23丁目パートナーシップ

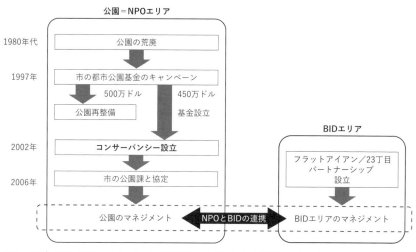

図1　マディソンスクエアパークとその周辺のマネジメントの連携のスキーム

写真4　歩行者空間になったブロードウェイ通りの一部

(Flatiron/23rd Street Partnership)」が設立された。4章で紹介した通り、マディソンスクエアパークのマネジメントについてはコンサーバンシーが、その周囲と23丁目通り沿いのマネジメントについてはBID組織が担うこととなっているが、コンサーバンシーとBIDの双方の理事会に参加しているメンバーもおり、双方の取り組みについても協働体制がとられている（図1）。

　また、植栽の管理や清掃についても、二つの組織のエリアを統合して業務委託することによって、調和のとれたマネジメントや経費のうえでのスケールメリットがあるという。BIDのエリアには、ブロードウェイ通りの一部を滞留空間とした部分があり、公園と同様の植栽で飾り、同様の清掃を行っている（写真4）。

　この取り組みは、マディソンスクエアパークを中心としたエリア全体の価

値を高めることがコンサーバンシーと BID の双方にとって共通の目的であるがゆえに成り立っている。公園の状況が悪化すれば周辺の商業や業務エリアの価値に悪影響が及ぶが、逆に公園が人を引きつける場所になれば周辺にもその効果は波及することなる。魅力的な公園を維持することは、エリアの活性化と一体的な関係にあるといえる。

＊1　William H. Whyte（1979）"Revitalization of Bryant Park: Public Library front"
＊2　エド・ジャノフ氏（マディソンスクエアパーク・コンサーバンシーのディレクター）へのインタビュー（2016 年 8 月 31 日）。

4. ブライアントパーク

公園への投資が
エリアの価値を向上

1 再整備のための NPO を設立

　ニューヨーク市マンハッタンのミッドタウンと呼ばれるエリアに位置するブライアントパークは、1884年に公園部分が整備され、その後1911年には隣にニューヨーク市立図書館が建設された（写真1）。1974年には、ランドマーク保全協会によりフランス様式の公園として景観上重要なランドマークに選定されている。

　しかしながら、1970年代後半には公園の存続は危機に瀕していた。経済不況に伴う行政の財政悪化もあり、公園のマネジメントが行き届かず、犯罪の温床にもなってしまった公園を人々は避けるようになっていた。そこで1979年、公園周辺の不動産所有者等のステークホルダーは、公園の課題の把握と改善に関する提案を、社会学者として公共空間の利用実態調査を行っていたウイリアム・ホワイトに求めた。

　当時、ホワイトは都市の公共空間における人々の行動を観察し、それらの空間がどのように使われているか（使われていないか）を調査分析する「ストリートライフ・プロジェクト」を展開していた[*1]。このプロジェクトは、ニューヨーク市の都市計画に関わるようになったホワイトが、都市計画によって創出される公共空間の利用実態が調査されていないことに疑問を持ったことから始まった。当初数年の予定であったプロジェクトは、1975年の

写真1　1930年代のブライアントパークとニューヨーク市立図書館
（出典：ブライアントパーク・コーポレーションのホームページ）

「プロジェクト・フォー・パブリックスペース（Project for Public Spaces：PPS）」の創設にもつながった（4章参照）。PPSでは、それから40年以上にわたり、公共空間に関わる活動やプレイスメイキングを全米はもとより47カ国の約3000の地域で展開している。

　ホワイトのレポートによれば、ブライアントパークの広さであれば、天気のよい日には1日9500人程度、条件の悪い日でも2500人の利用者が見込めるはずと推計している[*2]。ところが、ブライアントパークではまだ人気のあった1971〜74年においても利用者は1日1000人程度、調査時の79年にはその3分の1程度の人しか利用していなかった。その原因として、公園へのアクセス、歩道と公園の関係性、また多様な利用のニーズへの対応不足などのデザイン上の課題を指摘している。

　翌年、それらの調査分析を受けて、ロックフェラー財団が中心となって、公園の再整備を進めるNPO組織「ブライアントパーク・リストレーション・コーポレーション（Bryant Park Restoration Corporation：BPRC）」が設立された（2006年に現在の「ブライアントパーク・コーポレーション（Bryant Park Corporation：BPC）」に改称）。

2　再整備による施設の拡充とデザインの工夫

　再整備にあたり、BPRCは計画の策定をハンナ・オーリン・ランドスケープ設計事務所に依頼する（図1）。その再整備案では、先のホワイトが最重要課題と指摘した42丁目通りからのアクセスの改良について、エントランスを増設し、歩道からの見通しをよくするために公園の周囲に生い茂っていた植栽を整理することが提案された。また、もともとのフランス式庭園を利用しやすいデザインに変え、園路や照明を一新し、彫刻の修理、長らく閉鎖されていた公衆トイレの改築等も盛り込まれていた。さらに、2カ所の飲食パビリオンと四つのキオスクの設置も提案されている。そこでは、冬季などの閑散期にも利用者を引きつけるための飲食施設と、マネジメントのための器具も収納できるキオスクの必要性が述べられていた。

　この再整備案を承認した市の公園課は、1985年にBPRCと15年協定を

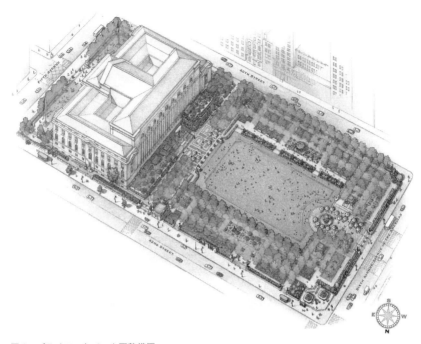

図1　ブライアントパーク再整備図 (出典：ブライアントパーク・コーポレーションのホームページ)

結ぶ[*3]。協定は、BPRC による公園の再整備、長期にわたる維持管理と利用
を許可するものであった。また、公園と図書館との間のテラス部分の利用も
許可する「テラス協定」についても図書館も含む三者で締結された。このテ
ラス協定には、図書館に接するテラスの一部をレストランとすることを許可
し、その使用料を公園のマネジメントに使用することが含まれていた。再整
備工事が完了し公園が再開園したのは、1992 年のことであった。

3　BID の指定と BPRC によるマネジメント

　市と BPRC が協定を締結した翌 1986 年には、ブライアントパークと公園
を取り囲む街区に BID が設定され（図2）、「ブライアントパーク・マネジ
メント・コーポレーション（Bryant Park Management Corporation：
BPMC）」が、BID エリアの不動産所有者とテナント、市の共同で設立され

図2　ブライアントパークの BID エリア（出典：ニューヨーク市のホームページに筆者加筆）

た。BID エリアの不動産所有者から徴収される賦課金は、公共空間のマネジメントを行う BPRC に譲渡され、エリア内の公共空間の清掃や防犯等のマネジメントのために利用されている（図3）。

　BPRC の歳入を見ると、BID の設立以降は一定の賦課金が毎年計上されている（図4）。歳入は右肩上がりに大きくなっているが、その主たる内訳は公園の利用料とレストラン収入、営業許可による利用料である。逆にニューヨーク市からの助成は、BPRC の活動によって公園のマネジメントに関わる費用が安定的に確保されるようになったため 1999 年に終了している。

　市が公園の所有者であり、公園での整備や利用に関する許可権者であることには変わりないが、1985 年、2000 年、そして 2018 年に締結された BPRC（2018 年時は BPC）と市の公園課の協定によって BPRC（BPC）に対する複数の許可事項が確認されている。その具体的な内容としては、清掃

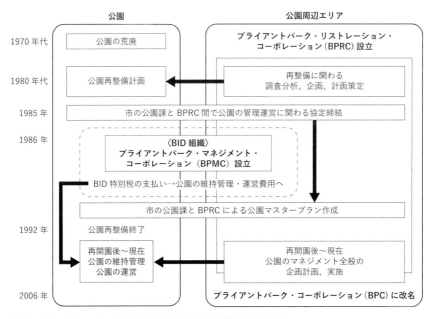

図3　ブライアントパークの再整備とその後の維持管理主体の変遷

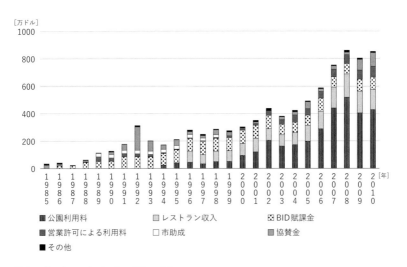

図4　ブライアントパークの歳入の変化（出典：ブライアントパーク・コーポレーション提供のデータをもとに筆者作成）

写真2　アコーディオン演奏イベントの様子

写真3　園内のカフェ（©Colin Miller/Bryant Park Corporation）

写真4　思い思いのスタイルでくつろぐ人々 （©Bryant Park Corporation）

（公園、トイレ等の設備）、セキュリティサービス、植栽管理（花卉造園、芝生管理）といった日々の維持管理や、質の高い教育プログラムやイベントを無料ですべての年齢層の利用者に提供する運営についてである。

　イベントについては、年間に800余りが開催されており、個人が楽器を演奏する気軽なもの（写真2）から、大勢の参加者が集まるヨガの体験まで、その規模と内容はさまざまだ。

　また、飲食施設や売店で提供する食品や物品についても質の高いものが提供されており、利用者のリピート率を高めることにつながっている（写真3）。こうした取り組みの結果、天気のよい日はもちろんのこと、天候に恵まれない時期においても、いつも賑わっている状況が続いている（写真4）。

4　再整備の成果

　そうした良好な状況が着実に周辺に波及し、現在ではブライアントパークという名称がエリア一体を指す言葉になるほどにまで復活を遂げた。2012

写真5　ブライアントパーク周辺の屋内公開空地

年のニューヨークタイムズ紙によると、ミッドタウン全体のビルの空室率が
11.5％であったのに対してブライアントパーク周辺では3.8％、事務所ビル
の平均賃料についても1平方フィート（約0.09m²）あたり15ドル程度の開
きがあったという[*4]。さらに2017年の同紙では、ブライアントパークエリ
アへの都心居住が進んでいる記事が掲載されており、ブライアントパークに
人が集まることで周辺エリアに数多くの飲食店が進出し、ついには大型高級
スーパーも開店したため、都心居住の課題も解決され、まだ限定的ではある
ものの今後は住宅開発が進むだろうと予想されていた[*5]。

　ブライアントパークで設置されている椅子は利用者が自由に動かすことが
でき、公園内で自分の好きな場所を選んで座ることができる。こうしたカス
タマイズの楽しさによって、この公園は人々のサードプレイスになってい
る。この取り組みは、新たに整備された周辺ビルの屋内公開空地にも影響を
与え、公園と同様の簡易に移動できる椅子が用意され、さらには屋内緑化も

施されている（写真5）。また、老朽化したビルの改築に合わせて改変された屋外公開空地では、以前の公開空地とはまったく異なり、樹木や植物が多数植えられ、座る場所も設置されたことで、多くの人々が憩う場所に生まれ変わっている（p.180 写真11 参照）。

　ブライアントパークの成功は、公園の再整備への投資が不動産やエリアの価値をも向上させるという大きな効果をもたらすことを示す好事例だといえよう。

＊1　William H. Whyte（1980）"The Social Life of Small Urban Spaces"
＊2　William H. Whyte（1979）"Revitalization of Bryant Park: Public Library front"
＊3　City of New York（1985）Management Agreement for Bryant Park between the City of New York and Bryant Park Restoration Corporation
＊4　Alison Gregor（2012）"Bryant Park Office Rents Outperform the Rest of Midtown", The New York Times, October 2
＊5　CJ Hughes（2017）"Bryant Park: A Growing Neighborhood in Central Manhattan", The New York Times, November 8

5. ポストオフィススクエア

地下駐車場収入を活用した
公園のマネジメント

1　広場から駐車場へ

　ボストンのポストオフィススクエアの完成に際して、ボストングローブ紙は次のように評している。

　「ポストオフィススクエアはボストンを様変わりさせた。かつてのビジネス街は、中心となる核のない通りで構成された迷路のようなエリアだったが、ポストオフィススクエアがビジネス街の中心地となったことで、あたかも魔法か磁力によってダウンタウン全体が突如として秩序正しく整列したように見える。まるでキャンプファイヤーを取り囲むキャンパーたちのように、建物がスクエアに引きつけられているようだ」。

　ポストオフィススクエアはその名の通り、かつては連邦郵便局の建物の前に広がる、ピンコロ石の敷き詰められた三角形の広場であった（写真1）。1872年のボストン大火の際には、スクエアと建設中の郵便局が延焼を食い止めたという。その後、ボストンの成長とともにダウンタウンには都市機能が集中し続け、二つの世界大戦が終焉した1950年頃になるとダウンタウンの駐車場不足が深刻化していた。

　そこで1954年、ボストン市は駐車場不足の状況に対応するために、駐車場事業者と40年の利用権の契約を結び、スクエアに4階建ての駐車場を建設した（写真2）。実現した駐車場は盛況であった反面、周囲の建築物は駐

写真1　1888年のポスト
オフィススクエア
（出典：Bostonian Society/Old
State House）

写真2　駐車場と化して
いた1954年のポストオ
フィススクエア
（出典：ノーマン・B・レベンタル
パークのホームページ）

車場のあるスクエア側をバックヤードとして扱うようになる。こうしてダウンタウンの中心部であったスクエアは人々が目を背ける場所となり、1970年代に入りスクエアに面した連邦準備銀行が撤退した後には、その建物にも買い手がつかない状況が数年間続いた。

2　駐車場から公園へ

　最終的に旧連邦準備銀行の跡地の開発に乗り出したのは、ボストンで都市開発を手がけていたノーマン・レベンタルであった。歴史的な建造物である旧連邦準備銀行をホテルに改築し高層業務ビルの開発を進めるレベンタルは、駐車場の撤去をボストン市長に進言する。その時点では、先述の駐車場事業者との40年間契約が1994年まで残っていた。

　そこで、レベンタルは1983年に「フレンズ・オブ・ポストオフィススクエア法人（Friends of Post Office Square Inc.）」（以降「フレンズ法人」と略記）を立ち上げ、ダウンタウンの事業者に参加を呼びかけた。参加した事業者は、全米で事業を展開している金融や保険の大企業であった。

　フレンズ法人は、駐車場の存在によって地域の価値が損なわれているといった課題を明らかにし、駐車場事業者に対して早期撤退を呼びかけることから取り組みを開始し、その代案として跡地の再整備計画を策定した。同時並行してフレンズ法人は再整備のための資金を次のように民間事業者から集めた一方で、ボストン市とマサチューセッツ州は当初から資金を提供しないことを宣言していた。

再整備の実現に向けてフレンズ法人がとった手段は、株式の8%の配当と新たに整備する地下7階建ての駐車場の1台分の駐車スペースの使用権を販売して、資金を得ることであった。450株の株式を売却することで3000万ドル（約33億円）の資金を集めたほか、銀行融資で5000万ドル（約55億円）を調達する。これにより、駐車場の購入と取り壊しに要する費用のほか、40年契約の早期破棄に関わる違約金、そして再整備費を捻出した。

　さらに、スクエアの所有者であるボストン市と再整備についての合意を取りつける必要があった。最終的には、土地の利用料および税金としてそれぞれ約100万ドル（約11億円）を市に納めること、再整備後のマネジメントに関わるすべての費用をフレンズが負担することで合意し、1987年に再整備計画が承認された。

3　公園整備に向けて市民と対話を重ねたデザインプロセス
　再整備計画では、地下7階建ての駐車場の建設と地上部分の公園整備が提

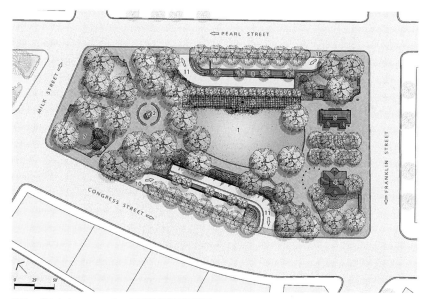

図1　ポストオフィススクエア再整備計画平面図（出典：アメリカ造園家協会のホームページ）

案された（図1）。そのデザインの策定に向けて、レベンタルは「公園プログラム・デザインレビュー委員会（Park program/design review committee）」を設立する。委員会では自らが委員長となり、経済的にも文化的にもバックグラウンドの異なる多様な市民グループと対話を重ねることで、公園に必要なものと不要なものを徹底的に検討している。

　その結果、整然とデザインされた部分と親しみやすくデザインされた部分の二つが必要で、華美である必要はないことが明らかになった。こうした検討結果をもとに、ヒューマンスケールをベースとしたシンプルなデザインコンセプトと「人と人が出会う公園」というコンセプトが打ち出され、「飲食可能とする」「子供のための遊具は設けない」「さまざまな種類のベンチを設置する」「芝生部分と舗装部分を半々にする」といった具体的な要望がまとめられた。設計を担当したハルボーソン設計事務所では、公園のイメージと具体的な要求がきちんと整理されていたおかげで、設計者としてはその具現化を果たすだけでよく、十分なお膳立てができていたと当時を振り返っている。

写真3　緑あふれるヒューマンスケールで心地のよい園内

難点は、新たに整備される公園の地下に7層分の駐車場が建設されるため、地表面に十分な深さの土壌を確保しにくかったことだった。そこで、植栽デザインについては、地下の構造設計を注意深く確認しながら、高木の植栽位置や種類が決められている。結果的に、公園には心地よい日陰を提供する高木や手入れの行き届いた植栽があふれ、座る場所が十分に整えられることで人々が憩いを求めてやってくる場所となった（写真3）。

4　フレンズ・オブ・ポストオフィススクエア法人によるマネジメント

　フレンズ法人ではポストオフィススクエアの地下駐車場のマネジメントを行い、その収益によって地上の公園部分のマネジメントを行っている。駐車場では、汲み上げた地下水を駐車場内で利用することで持続可能な管理が目指された。1400台を収容できる地下7層の駐車場の建設費は、利用料収入により5年間で回収されている。その後も順調にダウンタウンの駐車場不足を解消し、地上の公園の維持管理に関わる費用を調達し続けている。

写真4　公園内の駐車場入口（左奥）とカフェ（右奥）

ビジネス街という立地から、公園の主たる利用者は周辺のビジネスマンであり、フレンズ法人では昼食の時間帯に音楽コンサートを開催したり、夕刻にはヨガのクラスなどを企画し運営している。また、昼食時にはプラスチック製のクッションを貸し出しビジネスマンが気兼ねなくベンチに座ることができるサービスも提供しており、無料 Wi-Fi も完備されていることから、天気のいい日には多数設置されているベンチがあっという間に人で埋まってしまうほどの人気ぶりである。

　公園内のカフェもフレンズ法人によって運営されており、朝6時半から夜9時まで営業している（写真4）。駐車場の入口に花屋を設けるなど、地下の暗い雰囲気を明るくする工夫も見られる。

5　整備の成果

　エリアの価値を下げている既存の駐車場を撤去し、エリアの価値を高めるために公園と地下駐車場を整備したポストオフィススクエアの成果は、周辺不動産の価値向上とボストン市の税収入の増加といった経済効果に加えて、緑豊かな公園という都市環境の向上をもたらした。フレンズ法人を立ち上げ、株式という手法で既存の駐車場の撤去や公園の再整備費を調達したポストオフィススクエアの事例は、1980年代のアメリカの好景気が背景にあったがゆえに成功したともいえる。

　前節で紹介したように、同時期のニューヨークでは、ブライアントパークの再整備が周辺のビジネスマンによって検討され、最終的に BID によってマネジメントされるようになった。それと同様に、本節で見てきたボストンのポストオフィススクエアでも、周辺ビジネスマンによる発意によってエリアマネジメントがスタートした。ブライアントパークの BID との比較でいえば、法人を立ち上げ、株式を売却することで再整備の資金を調達した点で手法は異なっているが、その後の公園のマネジメントに要する費用の調達手段を確保しながら、市民に利用される公園として継続的に運営されている点は共通している。マンハッタンのブライアントパークに比べるとその規模は小さいものの、ボストンのポストオフィススクエアは市民が誇るダウンタウンのオアシスとなっている。

終章

公民連携による
公共空間マネジメントに
向けて

　ここまで見てきたように、イギリスとアメリカの公民連携による公共空間マネジメントにおいては、主体となる公と民が多様であると同時に、中間支援団体などの情報提供や技術支援があり、公と民をつなぐプラットフォームも形成されていた。マネジメントの現場では、持続可能な運営のために財源の確保や評価のしくみを構築し、また民間都市開発の公共貢献による公共空間の創出の手法を発展させ、よりよい都市環境の創造につなげていた。

　本章では、これまでの内容を踏まえ、公民連携による公共空間マネジメントを実装する際のポイントについて整理する。

1 公民連携のしくみの展開

　1980年代のイギリスで、公共サービスの提供に民間活用が推進された背景には、不況による行政の予算縮小や、小さな政府を目指すといった政策転換などの社会状況があった（1章参照）。この民間活用政策は、その後の日本でも、PFIや指定管理者制度などを導入する際に参考にされた。

　一方アメリカでは1980年代に、非営利団体や市民団体、エリア内の事業者による組織などが行政と連携して公共空間の環境を向上し活用する動きが起こる。その背景には、管理の質の低下によって荒廃した公共空間を改善し、時の政策や経済状況に左右されることなくその活用によってよりよい都市環境をつくりだそうという人々の展望があった。こうしてコンサーバンシーと呼ばれるNPO組織による公共空間マネジメントが発展し、都市の特定エリアの環境を改善するBIDのしくみなども展開されていく（4章参照）。

　そうした公共空間の多くは都市の中心部に位置し、都市再生の一翼ともなり、市民のシビック・プライドの醸成にもつながるとして、行政による政策の推進もあった。また、都心の公共空間は利用者が多く影響力もあるため、寄付など民間からのサポートも受けやすい。一方で、こうした政策や寄付による支援は、その後変動することもあるため、それらに頼らない持続可能なしくみを構築する必要もあった。

　他方、身近で小規模な公共空間については、行政による公民連携に向けた積極的な取り組みがあった。たとえばニューヨーク市では、市民が公園に関わる機会を創出する「都市公園基金」（4章参照）や、市民の活動に対して情報提供や技術支援を行う中間支援組織「パートナーシップ・フォー・パークス」（4章参照）の活動があった。

　こうしたイギリスとアメリカの公民連携の流れを辿ると、都市の中心部に位置する大規模な公共空間における都心型の公民連携マネジメントが先行し、続いて身近で小規模な公共空間における近隣コミュニティ型マネジメントへと公と民の連携のしくみが発展していることがわかる。

　また、イギリスにおいては民間活用の政策を進めるうえで公民連携の制度

を確立してきた一方で、アメリカでは多様な民が公共空間のマネジメントに関わるしくみの模索が1980年代から進められ、イギリスでも近年その取り組みが進んできているといえる。

2 多様な「民」を活かすしくみの設計

公民連携の「民」とは、民間企業、NPO等の非営利団体、市民団体や市民など多様な主体を指す。民間活用の導入段階では民間企業を指すことが多い一方で、アメリカやイギリスでは、この数十年の間にNPO組織や市民団体等が公共空間のマネジメントに関わる方策が模索されてきた。

ニューヨークのセントラルパークの活性化を市民団体の形成から始めたエリザベス・ロジャースの「市民が公園に関与することを認めるようなシステムがない」という言葉には、活動の出発点と同時に、目指すべきゴールの一つが示されている（4章参照）。ロジャースはニューヨーク市の市長や公園課との協働によって、「コンサーバンシー」という公民連携による公共空間マネジメントの一つのしくみを見出した。

一方、イギリスにおいては、協定によってNPO組織に行政の所有する公共空間のマネジメントを委託する事例も多く、近年ではアセット・トランスファーという制度も活用されている（1章参照）。

このように、アメリカやイギリスでは、NPO組織や市民団体が公共空間のマネジメントに関与するしくみが構築されてきている。マネジメントと一言で言っても、公共空間の特性によってその内容や方法は異なる。まずは短・中期のマネジメントの計画を行政と民間で共有したうえで、役割分担を明確にし、その役割を実行するための人材や財源を確保するしくみを、行政と民間の協働によってオーダーメイドで構築することが重要である。さらに、こうした取り組みを蓄積し、ケーススタディやガイドとして公開し横展開しながら、さらに多くの取り組みを生みだしていくしくみがあるといい。

また、民間による公共空間のマネジメントでは、その公共性を担保するために、行政や民間の活動内容や費用等の情報を開示することも重要である。

実際、ニューヨーク市やロンドン市といった行政では公共空間に関するさまざまな情報を、またそのマネジメントを担うNPO組織では各年次の収支実績を、各ホームページ上で公開している。

3 所管・部局を超えた「公公」連携の必要性

公民連携の「民」の主体が多様であるのに対して、「公」の主体は行政と明確ではある。しかし行政は、組織として国、広域、基礎自治体と所管が分かれており、業務も部局ごとに分かれている。

行政組織の枠組みの中で機能や立地などの与条件によって遂行されてきた従来の公共空間の管理から、行政の所管や部局を超えたイノベーティブな「公公」連携が、今後ますます重要になってくることをイギリスとアメリカの事例は示していた。

たとえばロンドンのトラファルガースクエアは、国レベルの省庁間の連携、国と市の協働、市の部局間の連携によって、そのマネジメント体制を見直すことで再編された（2章参照）。観光名所であり交通の要でもあるスクエアの道路の一部を歩行者空間化し、スクエアへのアクセスを改善するという公共空間の再編は、それまでも長い間議論されながらも実現しなかった。しかし所管・部局を超えた公公連携によって利用と運営のマネジメントを計画段階から構想し、今世紀初頭にようやく実現された。

イギリスにおいても、オープンスペースは、普段はレクリエーションの場として、非常時には避難所として公共サービスを提供する場であり、自然保全、防災、健康・福祉、観光、文化といった多様な観点からの役割も求められている。こうした状況から、異なる部局同士がタッグを組んでオープンスペースの活用を進め、細分化される行政の管轄を超えた運営によって都市空間の価値を創出していた。

日本でも、市庁舎、スポーツ施設や文教施設等の公共施設の建て替えや再編が進んでいる。周辺の公共空間を含めたデザインとマネジメントを公公連携によって進め、よりよい都市環境を創出し、豊かな都市生活が営まれる基

盤となることが、今後目指される。

4　情報提供と技術支援

　また、公民連携による公共空間マネジメントを他の地域へ広げる横展開には、情報提供や技術支援が欠かせない。

　具体的には、イギリスの「ケーブスペース」(2 章参照)、アメリカの「プロジェクト・フォー・パブリックスペース」(4 章参照) などは情報提供や技術支援を担い、その活動はホームページや印刷物を通して公開されており、行政はもちろん、NPO 組織や市民にも広く活用されている。

　地方分権が進むなかで、地方行政を支える情報提供や技術支援がますます重要になってくることは、イギリスのケーブの設立背景からも読みとれる。

　また、公共空間での活動を広く伝えることは、結果として身近な公共空間への市民の関心を高めることにつながる。ニューヨークのセントラルパークやブライアントパークが生まれ変わったことを知った市民が、身近な公共空間でも何か取り組もうとした時、それを支えたのが、都市公園基金による助成であり、「パートナーシップ・フォー・パークス」による技術支援や情報提供であった (4 章参照)。

5　行政と民間のプラットフォームの形成

　公民連携による公共空間マネジメントの動きと地方分権の流れはシンクロしている。行政と民間のプラットフォームの形成は、これまで一律に提供されていた公共サービスを、各地域で独自に展開していく原動力としても重要である。公共空間を活用するという共通の目標に向かって、主たる所有者である行政とそのマネジメントに関わる民間という異なる立場にある組織をとりまとめ、持続可能に活動を続けていくためのプラットフォームである。

　そのためには、行政側のマインドチェンジが必要であると、奇しくもイギリスのナショナル・トラストのミック・ウィルクス氏 (1 章参照) とアメリ

カのパートナーシップ・フォー・パークスのサビーナ・サラゴッシ氏（4章参照）がともに語っていたのは印象的だった。行政が所有し管理してきた公共空間のマネジメントを、民間事業者に委託してきた段階から、非営利団体や市民という新たな民間の主体と行政が連携してマネジメントを行う段階へと展開していく際に、行政側のパラダイムシフトが必要であるというメッセージであった。

　他方、民間の側にも継続的な活動の展開のためには、多様な人材が望まれる。たとえば、イギリスの基金による公園マネジメントにおいては、的確なアドバイスや判断のために経済・経営や都市計画等の専門家を積極的にボードメンバーに加えていた（2章参照）。

　日本でも、「多様な主体」によって公共空間をマネジメントすることを進めるうえで、多様な主体を具体的に見出し、サポートし、時にその主体となる組織を形成する役割を行政が担う際には、行政のしくみやマインドを変える必要もあるということであろう。

6　持続可能なマネジメントに向けた財源確保

　持続可能な公共空間マネジメントのためには、その財源をどのように確保するのかも重要な課題である。

　まず空間の再整備に必要な資金については、助成という公的な補助か、寄付という民間有志の援助によることが多い。

　助成に関して特筆すべき点として、たとえばイギリスの宝くじ基金（2章参照）では、再整備への助成にとどまらず、その後の活用についても助成対象にしていた。つまり、空間を再整備する際には、当然、その後の活用と持続可能なマネジメントについても計画されているものとして審査される。

　活用計画の審査においては、「利用者の層を広げる」「ボランティア活動の幅を広げる」といった具体的な達成すべき項目を満たしているかが評価される。こうした評価基準は公共空間の整備によって創出が期待される価値の裏返しともいえ、その成果を着実に引き出すしくみが助成制度の中に組み込ま

れている。さらに助成後の評価として、オープンスペースのマネジメントを質的に評価するグリーンフラッグ賞（1章参照）の受賞が暗黙の了解として求められている。

　次に、寄付については、たとえばニューヨーク市の都市公園基金では、民間の寄付をプールして複数の小規模公園に助成している。近年はクラウドファンディングや企業版ふるさと納税などの個々の取り組みは日本でもあり、今後の寄付の活用を展開したしくみづくりも期待される。

　他方、常時のマネジメントに必要な財源の確保については、公共空間の活用による収益、BID税や固定不動産チャージ（2章参照）などエリア内の受益者から徴収する特別税、基金の運用などがある。こうした収益の確保は一定程度の経済活動が期待できる公共空間では有効だが、身近な公共空間については引き続き行政が中心となってマネジメントの財源を確保する必要があるだろう。一方で、身近な公共空間のマネジメントの現場こそ、貨幣価値には換算できない「コミュニティ」という社会関係資本を育む場となりうる。

　公民連携による公共空間マネジメントの目的は、民間活用によってよりよい公共サービスを提供することから、コミュニティを形成して地域の価値を維持することまで、多様である。本書では、BIDによる公共空間マネジメントの導入の検討段階に地域の特性を再確認し、結果的にBIDを導入しなかった地域や、NPO組織とBID組織の協働による取り組みについても紹介した（4章参照）。

　日本で公民連携による公共空間マネジメントを展開する際にも、まずはその地域の特性を狭域と広域の視点から把握したうえで、公民連携によって何を実現させたいのか、その目的を見極め、短・中・長期の時間軸でマネジメント計画を共有することが重要となる。

7　行政と民間のシームレスなマネジメントへ

　良好な都市環境の創造には、行政によって整備される公共空間のみならず、民間によって整備される公共空間も欠かせない。主要な大都市では、半

世紀以上の時間をかけて、民間の都市開発に伴う公共空間の整備手法を発展させてきた。

　日本においても、総合設計制度や再開発等促進地区計画などの制度をはじめ、都市再生特別措置法の改正によって都市開発に伴う新たな公共貢献の手法は広がりを見せている。都市開発により創出された公開空地の中には多くの人に利用されているものもある。こうした民間が所有する公共空間が快適な状況で継続的に公共の利用に供することを担保するしくみが必要ではないだろうか。これら民間が所有する公共空間は良好な都市環境の創造のために生み出されたものであり、今後はその整備後のマネジメントについても公民連携で発展させていくことが求められる。

　たとえばニューヨーク市では、利用を促す環境の創出に向けて、公開空地の空間計画のデザイン・ガイドラインを設け、より快適で開放的な空間へと誘導する施策に舵を切っている（5章参照）。こうして快適に休憩できる公開空地が点在することで、人々が都市を回遊しウォーカブルなまちづくりに寄与することが意図されている。また、ロンドンのシティ・オブ・ロンドンでは、歩行者空間が十分に整備されていないという課題を、都市開発に伴う公共貢献によって解決するというビジョンを策定している（2章参照）。

　こうした取り組みの目指すところは、公有・民有にかかわらず、公共の利用に供する空間を一体的に整備し活用していくことによって、エリアの価値を高めていくことであろう。

　社会変化のスピードが速く、ライフスタイルが多様化する現在、公共空間をそれぞれの地域のコンテクストで捉え直し、持続可能にマネジメントすることが求められている。これまで行政が所有し管理してきた公共空間を、多様な主体が連携する「共」というプラットフォームがマネジメントし始めている。社会を持続可能に発展させていくために本能的に起きたとも思えるこうした動きは、今後も進化していくに違いない。否、進化させていくことが持続可能な社会の創造といえるのだろう。

おわりに

　都市の公共空間は変わることができる。ただし、そのためには政策や都市計画、空間デザインとマネジメントの連動が重要であり、その実装には公民連携の取り組みが不可欠である。そのことを、イギリスとアメリカでの実務経験と調査研究を通して痛感している。

　1990年代にアメリカ・ボストンにて留学・就職し、その後2000年代前半にイギリス・ロンドンで共用空間が公共空間へ変容する経緯について研究していた同時期に、それぞれの国の公共空間では大きな変化が起きていた。90年代にニューヨークのセントラルパークを恐る恐る足早に歩き、ボストンの物騒な高速道路の高架下を走って通過していた私にとって、その後の変わり様はにわかには信じられなかった。

　思い返せば、CABE Spaceから日本の公園緑地の管理についてレポートを依頼された2003年は、まさにイギリスが公共空間マネジメントの課題に取り組んでいる最中であった。後日送られてきた "Is the grass is greener …?" と題する調査報告書では見事にエッセンスのみが抽出・編集されており驚いた。この公園緑地マネジメントがCABEを知るきっかけであった。

　広場への興味から始まった実務経験、それに続く調査研究を通して、平面的に広がる公共空間とそれを取り囲む景観の双方のデザインとマネジメントが、心に残る都市空間の創造には不可欠であると考えるようになった。

　景観マネジメントの研究が先行したが、並行して遂行してきた公共空間の再整備とマネジメントに関わる科研費調査の知見をもとに本書は執筆されている。どちらも近年の取り組みを中心に取り上げているが、いずれはその源流に立ち返った、不特定多数の利用に供する公共空間が近代都市とともに形成され、マネジメントされてきた経緯から未来を考えたいと思っている。

　最後に、書籍としてまとめることを提案いただいてから3年、本書の出版を牽引してくださった学芸出版社の宮本裕美さんに感謝を申し上げたい。

2021年3月　坂井 文

坂井 文（さかい・あや）

東京都市大学教授。東京都出身。横浜国立大学建築学科卒業。ハーバー
ド大学ランドスケープ・アーキテクチャー修士。ロンドン大学 Ph.D。一
級建築士。JR 東日本、ササキ・アソシエイツ（アメリカ・ボストン）に
て勤務。北海道大学工学部建築都市コース准教授を経て現職。国土交通
省（新たな時代の都市マネジメントに対応した都市公園等のあり方検討
会等）、内閣府、スポーツ庁、文化庁、東京都等の地方自治体の都市計画
に関わる委員会などの委員を務める。

イギリスとアメリカの公共空間マネジメント
公民連携の手法と事例

2021 年 4 月 10 日 初版第 1 刷発行

著者	坂井 文
発行所	株式会社学芸出版社
	京都市下京区木津屋橋通西洞院東入
	電話 075-343-0811 〒 600-8216
発行者	前田裕資
編集	宮本裕美・森國洋行
装丁	藤田康平
DTP	梁川智子（KST Production）
印刷・製本	モリモト印刷

©Aya Sakai 2021   Printed in Japan
ISBN978-4-7615-2768-6